AN ENCYCLOPEDIA OF

Coffee & Cocktail

咖啡·鸡尾酒大全

主编/王森

青岛出版社
QINGDAO PUBLISHING HOUSE

图书在版编目（CIP）数据

咖啡·鸡尾酒大全（异域风）/ 王森主编. -- 青岛：青岛出版社，2015.4

ISBN 978-7-5552-1860-9

Ⅰ.①咖… Ⅱ.①王… Ⅲ.①咖啡－配制②鸡尾酒－配制 Ⅳ.①TS273②TS972.19

中国版本图书馆CIP数据核字(2015)第073097号

咖啡·鸡尾酒大全

组织编写	美食生活工作室
主　　编	王　森
副 主 编	张婷婷
参编人员	苏　园　乔金波　孙安廷　韩俊堂　武　文　杨　玲　武　磊
	朋福东　顾碧清　韩　磊　成　圳　杨　艳　尹长英
文字校对	邹　凡
摄　　影	苏　君
出版发行	青岛出版社
社　　址	青岛市海尔路182号（266061）
本社网址	http://www.qdpub.com
邮购电话	13335059110　0532-85814750（传真）　0532-68068026
策划组稿	周鸿媛
责任编辑	徐　巍
特约编辑	宋总业
装帧设计	毕晓郁
制　　版	青岛艺鑫制版印刷有限公司
印　　刷	荣成三星印刷有限公司
出版日期	2015年6月第1版　2018年4月第5次印刷
开　　本	16开（710毫米×1010毫米）
图　　数	2000
印　　数	14001-16000
印　　张	25
书　　号	ISBN 978-7-5552-1860-9
定　　价	68.00元

编校质量、盗版监督服务电话　4006532017

（青岛版图书售出后如发现印装质量问题，请寄回青岛出版社出版印务部调换。电话：0532-68068638）

本书建议陈列类别：美食类　生活类

　　如今，生活变得日渐繁忙，早上喝咖啡成了都市生活必不可少的休闲方式，同时，下班后来一杯鸡尾酒也成为更多人热衷的享受方式。咖啡和鸡尾酒文化已俨然成为时尚休闲的标志，越来越多的人沉迷于此，也热衷于研究它们。

　　然而咖啡和鸡尾酒的美妙绝不止于休闲和交际时的享受。很多人认为咖啡都是大同小异的，无非是冲泡以及磨咖啡豆的区别，实则不然。如何才能萃取出最醇厚香浓的咖啡，如何把咖啡做得更美丽丰富、花样纷繁，是很值得研究的一件事，也是众多咖啡爱好者的兴趣所在。自己调制鸡尾酒更是一件美妙的事情，调酒时那灵活帅气的动作，别提有多么迷人了。

　　本书如同一张画卷细细展开，将咖啡与鸡尾酒的奇妙世界呈现给您。详尽介绍了300款咖啡和鸡尾酒的做法与演变，包括绚丽多彩的鸡尾酒85款，创意十足的拉花咖啡和雕花咖啡各50款，以及口味丰富的调味咖啡125款。所有作品均配以精美的大图，在欣赏的同时动手操作，当成品出现在您手中，当味觉、嗅觉、视觉被极大的满足时，如果能给你带来一丝喜悦，将是我们最衷心的期愿。

亚洲烘焙大师 王森

王森，西式糕点技术研发者，立志让更多的人学会西点这项手艺。作为中国第一家专业西点学校的创办人，他将西点技术最大化的运用到了市场。他把电影《查理与巧克力梦工厂》的场景用巧克力真实地表现，他可以用面包做出巴黎埃菲尔铁塔，他可以用糖果再现影视中的主角的形象，他开创了世界上首个面包音乐剧场，他是中国首个西点、糖果时装发布会的设计者。他让西点不仅停留在吃的层面，而且把西点提升到了欣赏及收藏的更高层次。

他已从事西点技术研发20年，培养了数万名学员，这些学员来自亚洲各地。自2000年创立王森西点学校以来，他和他的团队致力于传播西点技术，帮助更多人认识西点，寻找制作西点的乐趣，从而获得幸福。作为西点研发专家，他在青岛出版社出版了"妈妈手工坊"系列、"手工烘焙坊"系列、《炫酷冰饮·冰点·冰激凌》《浓情蜜意花式咖啡》《蛋糕裱花大全》《面包大全》《蛋糕大全》等几十本专业书籍及光盘。他善于创意，才思敏捷，设计并创造了中国第一个巧克力梦公园，这个创意让更多的家庭爱好者认识到了西点的无限魔力。

苏园　乔金波

苏园、乔金波，高级咖啡师，跟随王森老师学习西点咖啡技术十余年，熟知咖啡各项技艺，尤其擅长拉花、雕花咖啡和3D咖啡造型，任教于苏州王森国际西点西餐咖啡学院，培养学生上千名，将独特的咖啡技艺带向了世界各地。

目 contents 录

邂逅咖啡
&鸡尾酒
CHAPTER 1

01　爱上咖啡-16

02　咖啡工具&材料-23

03　调制美味咖啡-34

04　情迷鸡尾酒-35

爱上
鸡尾酒
CHAPTER 2

螺丝起子-38

自由古巴-39

金巴里-40

梦中情人-41

艳阳天-43

黑人南非-45

芒果探戈-46

草莓滋味-47

爱在春天-49

新加坡特别司令-50

日出-51

蔓越莓与苹果的碰撞-52

橙汁金巴利-53

墨西哥月亮-54

巧克力爱恋-55

柯梦波丹-56

杜松子汽水-57

新加坡司令-59

海军幻影-60

轰炸机-61

迈泰-62

兴奋中-63

丰收鸡尾酒-64

柠檬威士忌-65

蓝色夏威夷-67

沙滩上的脚印-68

红粉知己-69

因为爱情-71

敢死队-72

玫瑰小姐-73

蜜桃成熟时-74

柯那-75

咸狗–76

快乐至上–77

苏联大枪–78

天使在人间–79

椰林风景–80

忆当年–81

红粉佳人–82

长岛冰茶–83

血腥玛丽–84

约翰可林–85

皇家基尔–86

巴克菲士–87

国王–88

美国柠檬酒–89

贝里尼–90

雪球–91

番石榴菲士–92

乡村姑娘–93

汤姆柯林斯–94

玛格丽特–95

青珊瑚–96

热威士忌托地–97

北极冰–98

感恩之心–99

火烈鸟女郎–101

香槟茱莉普–103

威士忌托地–104

第五人道–105

天使之吻–107

撞击白兰地–109

薄荷茱莉普–110

血腥凯撒–111

蓝月亮–112

庄园主宾治–113

古巴的太阳–114

贵格会鸡尾酒–115

樱花–116

玫瑰刺青–117

超级珊瑚–119

彩虹–121

八号当铺–123

教父–124

深水炸弹鸡尾酒–125

边车–126

青草蜢鸡尾酒–127

龙舌兰日出–128

黑色天鹅绒–129

斗牛士–130

灰姑娘–131

猫步–132

天蝎宫–133

米字旗–134

恋上咖啡
CHAPTER **3**

 调味冰咖啡

以爱之名–136

香草冰淇淋咖啡–137

榛味巧克力咖啡–138

接骨木花风味咖啡–139

光阴的故事–140

白美人–141

欢乐–143

阵阵橙香–144

咖啡冰淇淋的碰撞–145

冰拿铁咖啡–146

草莓风味拿铁咖啡–147

香蕉泡沫咖啡–148

布拉格咖啡–149

黑芝麻咖啡–150

薄荷咖啡–151

青涩的爱–152

香草焦糖咖啡–153

可乐咖啡–154

摩卡乔巴–155

椰香咖啡–156

榛果黑砖块咖啡–157

咖啡冻奶–158

咖啡冻草莓优酪乳–159

西米椰奶咖啡–160

红豆欧蕾咖啡–161

焦糖豆浆拿铁咖啡–162

纳豆冰淇淋咖啡–163

抹茶咖啡–164

榛果豆豆咖啡–165

朗姆葡萄咖啡–166

提拉米苏咖啡–167

宁静的夏天–169

奇幻世界–170

脆弱–171

酸奶咖啡–172

巧克力苏打咖啡–173

逆世界–175

猜不透–177

南海姑娘–178

红橙酒味咖啡－179

非洲咖啡－180

新鲜柠檬咖啡－181

兴奋咖啡－182

杏仁咖啡－183

猎艳咖啡－184

漂浮咖啡－185

无与伦比的美丽－186

芒果咖啡冰沙－187

南洋风情咖啡冰沙－188

红豆牛奶咖啡冰沙－189

巧克力碎片咖啡冰沙－190

柠檬咖啡冰沙－191

奥利奥咖啡冰沙－192

榛果卡布奇诺冰沙－193

花生咖啡冰沙－194

草莓优酪乳咖啡冰沙－195

香草拿铁冰沙－196

意式浓缩巧克力冰沙－197

焦糖玛奇朵咖啡冰沙－198

焦糖果冻咖啡冰沙－199

百搭美味冰沙－201

咖啡冰糕－203

咖啡薄荷柠檬冰－204

凤梨咖啡－206

可乐苏打咖啡－207

酸奶奥利奥咖啡冰沙－208

朱古力奶油咖啡－209

朗姆凤梨咖啡－210

豪华宾治咖啡－211

美式柠檬黑咖啡－212

鲜橙咖啡－213

朱古力淡奶咖啡－214

芒果牛奶咖啡－215

哈密瓜雪顶咖啡－217

香甜咖啡水果沙拉－218

夹心蛋卷咖啡－220

冲绳红糖冰咖啡－221

绿薄荷咖啡－222

酸奶冰咖啡－223

调味热咖啡

薄荷咖啡–224

蓝色沙漠–225

栗子巧克力咖啡–226

牛奶冰淇淋咖啡–227

玫瑰风味咖啡–228

漩涡中的甜蜜–229

甜蜜草莓咖啡–230

云端的咖啡–231

蜂蜜层次咖啡–232

恋旧–233

水果狂欢–234

豆浆咖啡–235

泡泡西瓜卡布奇诺–236

焦糖风味拿铁咖啡–237

热可可咖啡–238

粉红咖啡–239

白天鹅咖啡–240

威尼斯迷路–241

欢乐世界–242

柠檬浓缩咖啡–243

甜蜜蜜–244

巧克力香蕉摩卡咖啡–245

杏仁酒咖啡–246

热咖啡摩卡–247

皇家咖啡–248

咖啡香蕉–249

咖啡焦糖苹果–250

咖啡香草梨–252

热咖啡甜橙–254

咖啡奶酪烤油桃–256

玛琪雅朵–258

贝里诗咖啡–259

脆皮棉花糖拿铁–260

草莓咖啡–261

香橙微醺咖啡–262

黑骑士摩卡咖啡–263

玉米咖啡–264

咖啡奶昔–265

榛果香草咖啡–266

玫瑰情怀咖啡–267

 雕花咖啡

旋律–268

情网–269

情缘–270

漩涡–271

期待–272

花环–273

心连心–274

孔雀翎–275

动感地带–276

卡通kitty猫–277

卡通螃蟹–278

卡通米奇–279

卡通蝴蝶–280

雕花长颈鹿–281

雕花害羞兔兔–282

雕花愤怒小鸟–283

雕花龙猫–284

雕花独角兽–285

雕花爱萌卡通–286

雕花呆呆狗–287

卡通雪人–288

雕花啦啦队–289

雕花卡通头像–290

雕花快乐青蛙–291

雕花大象–292

雕花咪咪猫–293

雕花装萌小兔–294

雕花大嘴猴–295

雕花孙悟空–296

向往–297

风车–298

花季少年–299

雕花变形金刚–300

拉花咖啡

拉花心形–323

拉花抖心–324

拉花推心–325

拉花推心串叶–326

拉花四层推心–327

拉花推心反加三个心–328

拉花正推心加反推心–329

拉花多层推心加心–330

拉花十层斜推心–331

拉花推心漩涡–332

拉花六层推心加一圈小心–333

拉花推心加三个小推心–334

拉花波浪花加两推心–335

拉花九层推心加花–336

拉花断层花心–337

雕花自行车–301

雕花大树–302

美女节–303

雕花GD权志龙–304

雕花霸气男–305

雕花花痴男头像–306

雕花狂想曲–307

雕花卡通版GD–308

雕花玛丽莲梦露–309

雕花卓别林–310

雕花调皮小男孩–311

雕花樱桃小丸子–312

雕花面具–313

雕花吃雪糕的傻妞–314

雕花超级玛丽–315

雕花骑马舞–316

雕花海贼王–317

雕花若隐若现的美女–318

雕花哆啦A梦–319

雕花洛克先生–320

雕花what is love–321

雕花big bang–322

拉花叶镶心–354

拉花四层心加两个小叶子–355

拉花两叶中正反推心–356

拉花叶子反推郁金香–357

拉花叶子和花–358

拉花漩涡连心加三个小叶–359

拉花漩涡叶拖心–360

拉花正推心反推心花–361

拉花叶拖心串叶–362

拉花叶子底部推颗心旁边加推心–363

拉花多层花–364

拉花抽象花纹–365

拉花层层发美女–366

拉花漩涡小熊–367

拉花怪物–368

拉花天鹅–369

拉花奇特的动物–370

拉花波浪中的心–338

拉花叶–339

拉花两叶–340

拉花心叶–341

拉花长叶–342

拉花双叶–343

拉花三个叶子–344

拉花由大到小的叶子–345

拉花四瓣叶–346

拉花五叶①–347

拉花五叶②–348

拉花叶中有叶–349

拉花两个叶子加小花–350

拉花叶子加四层心–351

拉花叶拖五层心–352

拉花两叶中推心–353

 筛粉咖啡

圣诞花–371

爱的表白–372

一心一意–373

我爱你–374

咖啡造型欣赏–375

邂逅咖啡&鸡尾酒

咖啡和鸡尾酒文化已俨然成为时尚休闲的标志，越来越多的人沉迷于此，也热衷于研究它们。在任何时刻随手为自己调制一杯咖啡或者鸡尾酒，雅致情趣唾手可得，甘美香醇潮流心扉，完美实现视觉和味蕾的Double冲击！

01

爱上咖啡

咖啡的起源及传播

咖啡与茶、可可被称为当今世界的三大饮料，为全世界约1/3的人口所饮用，其消耗量仅次于茶。饮用咖啡在欧美国家十分普遍和流行。如今，在中国和其他东方国家，咖啡也受到了越来越多人的欢迎，其饮用也有逐渐流行的趋势。

目前，世界公认的咖啡树和咖啡食用的起源地在非洲，但具体在哪个地区却说法不一，多数人认为在东非的文明古国埃塞俄比亚。关于咖啡的起源时间至今仍莫衷一是。

在咖啡的发现、起源和利用史上，有一个故事非常流行。很久很久以前，在埃塞俄比亚西南部咖法（Keffa）地区有一个牧羊少年叫卡尔迪（Kaldi）。有一天，他赶羊经过一片树林时，看到羊群都在啃食路边大型灌木丛上的红果子。卡尔迪无意中发现，山羊吃了红果子后异常兴奋，即使老山羊也像小山羊一样奔跑跳跃。牧羊少年觉得奇怪，便也摘下一些果实品尝。结果自己也变得非常兴奋，不由得手舞足蹈起来。红果子可食用并具有提神的作用，就这样被人发现了。人们把这种果子以当地的地名"咖法"（Keffa）命名，此后经过长期的演变就成了今天的"咖啡"（Coffee）。

咖啡被发现后，人们最初只是采摘野生的果子食用，后来才慢慢开始人工栽培。在食用方式上，最初是连肉带核一起嚼食，后来发展为把咖啡果泡水或煮水喝。在用途上，最初主要用于宗教界的宗教活动和医生治病及病人恢复。埃塞俄比亚–红海一带的基督教、犹太教，以及后来的伊斯兰教都把咖啡当成"神饮"和"药饮"，因为各种宗教的教士、修士、教徒嚼了咖啡果或喝了咖啡水后，在彻夜进行宗教法事活动时便很有精神不打瞌睡。病人们嚼了它或喝了它也能恢复一些精神。

后来，咖啡的食用、采摘渐渐跨过非常狭窄的红海传入阿拉伯半岛。《中国大百科全书·农业卷·咖啡条》和《中国农业百科全书·农作物卷·咖啡条》上记载，公元前6世纪阿拉伯人已开始栽种并咀嚼食用咖啡。

据16世纪的一份阿拉伯文献《咖啡的来历》记载，13世纪中叶有一个叫奥玛尔（Omar）的人获罪后被从也门摩卡（Mocha）流放到欧撒巴。途中，他看到一只鸟在快活地啄食着路旁树上的红果子，便也试着摘了一些煮水喝。小果子有一种奇妙的味道，喝了后困倦、疲劳感顿时消除。奥玛尔于是把咖啡果饮用法传授给一些大病初愈的人。放逐期满返回摩卡后，奥玛尔便把咖啡果和饮用法传播开来。

咖啡在阿拉伯地区的饮用、栽培、发展还与中国明初的郑和下西洋有关。1405~1433年，郑和船队及其分队多次造访波斯湾、阿拉伯海、红海沿岸的阿拉伯各国。中国官兵下船后携带茶叶、饮茶、销售茶，同时把中国的茶文化带到阿拉伯世界。可以想象，中国船队人员曾多次请各国人民品茗饮茶，并把茶叶和茶具赠送或出售给他们。中国人的茶叶、茶具和饮茶嗜好给阿拉伯人以启示：原来提神的饮料也可以成为日常生活消费品。从此，阿拉伯地区的咖啡逐渐由"神饮"和"药饮"转变为大众休闲饮料。

咖啡在更大范围内的进一步传播与奥斯曼土耳其密不可分。几乎与西班牙、葡萄牙成为殖民大帝国同期，奥斯曼土耳其也膨胀为封建宗教大帝国。1517年土耳其人征服埃及，1536年占领也门，陆续地，西亚、北非、小亚、中亚、东南欧都处于土耳其人的统治下。期间，咖啡不仅在土耳其广袤的领地上得到广泛传播，出现了休闲聊天的咖啡馆，而且咖啡的加工制作和饮用也发生了革命性的变化。

以前阿拉伯人制作的咖啡饮料奥伊希尔（Oishr）只利用了咖啡的果肉部分，而把味道更好的种子（咖啡豆）丢弃了；或者将咖啡果肉干燥后再压碎，然后与油脂混合制成球状食用；或者将其果皮与青豆混合，使之发酵酿酒饮用。16世纪初至上半叶土耳其人入住阿拉伯地区后，开始收集利用那些被废弃的咖啡豆，将其晒干、焙炒、磨碎，再用水煮成汁来喝，并加糖，从此形成近代饮食咖啡的基本方式。在土耳其境内出现的首批咖啡馆便是用这种新型饮料招徕款待顾客的。

晚清时咖啡传入我国，民国时咖啡在华已站稳脚跟。新中国成立后，特别是改革开放以来，咖啡饮用开始在中国流行，并逐步形成自己的咖啡文化。

通过上面的介绍，可以得到一条咖啡起源和传播过程的基本脉络：古代非洲埃塞俄比亚人发现了咖啡，中世纪阿拉伯人栽培了咖啡。中世纪晚期，中国人促进了咖啡从"神饮""药饮"转变为大众休闲饮料，土耳其人发明了咖啡正宗科学的饮用法。在地理大发现时代（15世纪末至17世纪末），欧洲人把咖啡传遍全世界，此后又将咖啡馆文化发展得非常繁荣。所以，非、亚、欧人民都为咖啡发展为今日世界的三大饮料之一作出了贡献。

喝咖啡的好处

让头脑更加灵活

一项实验结果表明，喝咖啡比不喝咖啡的人，在解答算术问题时答对的比例更高，原因是由于脑部受到咖啡因刺激，而提高了注意力。咖啡可以营造出令人安心的气氛，让人能够专心读书。咖啡的苦、酸、香、柔带给人宁静，免除不必要的烦恼。念书或工作余暇喝杯咖啡，不仅能舒畅身心，还能提升效率，的确妙用无穷。

促进脂肪分解

想要减肥的人有福了，咖啡能促进脂肪分解，增加热量消耗，这也是咖啡因所产生的作用。但如果喝太多加入大量奶精、砂糖的咖啡，反而会产生反效果，因为奶精、砂糖所含的卡路里，会使人变得更胖。咖啡的消耗热量，只有在喝黑咖啡时才能发挥到最高点，想要减肥的人每天喝黑咖啡，可以达到减肥效果。因为黑咖啡几乎不含卡路里，摄取之后也不会增加热量。

振奋精神

咖啡含有许多成分，其中主要的是咖啡因，咖啡因有刺激作用，在脑中及身体内运转，可消除紧张感。喝完咖啡后身体会觉得舒畅，精神为之一振，就是因为如此。熬夜或是早上起床时来一杯咖啡，咖啡里所含的咖啡因产生刺激作用，可以用来驱除睡意。这种短暂的刺激会随着时间而消逝，且不会留下副作用。

喝咖啡的人群

各类咖啡的消费人群

1 旅游、休闲人士：

享受型，适合中高档单品咖啡（蓝山、肯尼亚AA、夏威夷可纳等）。

2 商务人士：

实用型，适合中档单品咖啡、意大利花式咖啡（巴西、哥伦比亚、卡布奇诺、拿铁等）。

3 情侣、白领人士：

小资型，适合意大利花式咖啡、冰咖啡（卡布奇诺、玛奇朵、摩卡奇诺、各种新奇创意咖啡等）。

4 女士：

感性型，适合意大利花式咖啡、低因咖啡。

不适合饮用咖啡的人群

1 心脏病患者：

应喝不含或咖啡因含量低的咖啡，因为咖啡因会加快心跳速度而造成心脏缺氧。

2 皮肤病患者及胃病患者：

应尽量少喝咖啡，才不致因过量而导致病情恶化。

3 糖尿病患者：

要避免喝加入太多糖的咖啡，以免加重病情。

4 孕妇及哺乳妇女：

对咖啡因的摄取需较为谨慎，摄入量太多，容易导致婴儿先天畸形。

5 少年儿童：

不太适合喝咖啡，因为咖啡在兴奋中枢神经同时，抑制了某些脑内腺体激素的分泌，影响生长发育。

喝咖啡的礼仪

1 摆放：

放咖啡的杯碟应当放在饮用者的正面或者右侧，杯耳应指向右方。

2 加料：

给咖啡加糖时，砂糖可用咖啡匙舀取，直接加入杯内；方糖可先用糖夹子把方糖夹在咖啡碟的近身一侧，再用咖啡匙把方糖加在杯子里；如果是糖包，则把糖包左或右上角轻轻撕开一个口子，把糖直接加入咖啡里。

给咖啡加奶时，如果是奶盅，则在咖啡杯的右边缓缓倒入；如果是奶油球，则把奶油球的封口纸轻轻撕开1/3，再缓缓倒入奶油。

3 拿取：

咖啡杯的正确拿法应是拇指和食指捏住杯把儿，再将杯子端起。

4 饮用：

饮用咖啡时，可以用右手拿着咖啡的杯耳，左手轻轻托着咖啡碟，慢慢地移向嘴边轻啜。

饮用咖啡时应当把咖啡匙取出来。咖啡太热可用咖啡匙在杯中轻轻搅拌使之冷却，或者等待其自然冷却再饮用。

注意喝咖啡的仪容，喝完咖啡应用餐巾轻擦嘴唇，以免破坏形象。

咖啡的品鉴

你可以在纯粹的黑咖啡里，加一点点糖、奶；你也可以欧式一点，像非洲和阿拉伯地区那样在咖啡中加入肉桂等香料；如果你不习惯咖啡的苦涩味，也可以在咖啡里加一点你喜欢的果汁……不过，喝一杯原汁原味的黑咖啡，不仅能够品尝到咖啡本身浓郁的风味，还会被看作是品尝咖啡的行家里手。不论怎么喝，品尝咖啡还是有一些讲究的。

一杯咖啡端到面前，先不要急于喝，应该像品茶或品酒那样，有个循序渐进的过程，以达到放松、提神和享受的目的。

第一步：闻香，体会一下咖啡那扑鼻而来的浓香。

第二步：观色，咖啡最好呈现深棕色，而不是一片漆黑，深不见底。

第三步：品尝，先喝一口黑咖啡，感受一下原味咖啡的滋味，咖啡入口应该是有些甘味，微苦，微酸，不涩。然后再小口小口地品尝，不要急于将咖啡一口咽下，应暂时含在口中，让咖啡和唾液与空气稍作混合，再咽下。

饮用咖啡的最佳温度是60~85℃。因为普通咖啡的质地不太稳定，所以最好趁热品尝。为了不使咖啡的味道降低，要事先将咖啡杯在开水中泡热。咖啡的适当温度在冲泡的刹那为83℃，倒入杯中时为80℃，而到口中时为61~62℃，最为理想。

一般来说，趁热品尝咖啡，是喝咖啡的基本礼节。但若是一杯品质优良的咖啡，放凉以后除香味会有减少外，口感表现与热时是一致的，甚至更佳。

咖啡工具

咖啡豆研磨工具

　　咖啡豆最好现用现磨，可以保持其最自然的风味。根据冲泡方法不同，所需要的咖啡豆研磨程度也不同。

◎ 电动磨豆机 ·········
专业用于研磨咖啡豆的机器，可随意调节研磨粗细度。

◎ 手工磨豆器 ·········
用于手工研磨咖啡豆的工具，多为家庭使用。

冲泡咖啡工具

冲泡咖啡有很多种方法，您可以根据需要购买所需器具。

过滤器 ∙∙∙∙∙∙∙∙∙∙∙∙∙∙∙∙∙∙

制作滴漏咖啡的冲煮器之一。须与滤纸配合使用。

外型尺寸：过滤杯分有单孔、两孔、三孔的滴滤设计。

滤纸 ∙∙∙∙∙∙∙∙∙∙∙∙∙∙

制作滴漏咖啡的用具，须与冲煮器配合使用。

滤纸分有漂白处理（呈白色）和未漂白处理（呈土黄色）2种。

法兰绒 ∙∙∙∙∙∙∙∙∙∙∙∙∙∙

制作滴漏咖啡的冲煮器之一。

虹吸壶 ∙∙∙∙∙∙∙∙∙∙∙∙∙

制作咖啡的冲煮器之一。外型尺寸：ＴＣＡ（3人份）、ＴＣＡ（2人份）。

比利时皇家咖啡壶 ∙∙∙

制作咖啡的冲煮器之一。

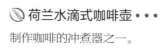

荷兰水滴式咖啡壶 ∙∙∙

制作咖啡的冲煮器之一。

土耳其咖啡壶 ••••
制作咖啡的冲煮器之一。

摩卡壶 ••••••••
制作咖啡的冲煮器之一。

意式浓缩咖啡萃取工具

意式浓缩咖啡英文是Espresso，"Espresso"和英文"under pressure"的意思是相同的，指在压力之下，高压且快速的咖啡冲煮方法。这种浓缩咖啡通常作为基底来调制各种花式咖啡，含有丰富的黄金油脂泡沫，口感浓郁香醇。

意大利咖啡机 ••••••••••••••••••
制作意式浓缩咖啡的机器。此方法能把咖啡最精华的美味萃取出来，由于萃取时间短，溶出的咖啡因较少。使用约8克的意式咖啡豆，研磨成极细的咖啡粉，经过高压与90℃的高温，就能在约25秒内，萃取出30~45毫升浓缩咖啡液。

意式咖啡过滤器（咖啡把手）
与意大利咖啡机配合使用，可分单槽和双槽两种。

（1）单槽：制作单人（single）咖啡时使用，需填充约8克的咖啡粉（误差值±1克）。

（2）双槽：制作双人（double）咖啡时使用，需填充约16克的咖啡粉（误差值±2克）。

意式咖啡填压器 ••••••••••••••••
填压器的两头造型略有不同，平整的一面负责将咖啡粉填压平整，而凸出的一面则用来轻敲咖啡把手两端，让咖啡把手边缘内一些没有压紧的咖啡粉落下，然后再次施力下压，让咖啡粉的密度均匀。

打发鲜奶油工具

鲜奶油打发后轻盈细腻，体积增大，适合制作调味咖啡，下面是用到的工具。

◎ 氮气空气弹 ···········
为鲜奶油喷枪配套耗材。氮气空气弹规格为10入/盒。

◎ 鲜奶油喷枪 ···········
用来制作发泡鲜奶油的器具。
外型尺寸：鲜奶油喷枪以一组为单位。

制作奶泡工具

本书介绍了两种制作奶泡的方法，分别是用发泡壶手工制作奶泡和用蒸汽管制作奶泡。下面就是手工制作奶泡所需要的工具。

◎ 奶锅 ···········
用于加热牛奶、水等物的器皿。

◎ 手工奶泡壶 ·······
用于手工制作奶泡的器具。

◎ 拉花杯 ···········
拉花钢杯为上口窄、下底宽的尖嘴设计，较常见的容量规格有300毫升、600毫升、1000毫升等。使用不同的咖啡杯应选择不同容量的拉花钢杯，才不易造成牛奶量的浪费或不足。

测量工具

为了保证口感的纯正，每一款咖啡都有特定的配料比，测量工具可以帮助您准确地掌握用量。

◎ 咖啡量勺

用来量取咖啡豆或咖啡粉（1匙约8克），吧台匙为搅拌溶解裁量用。

外型尺寸：有21.5厘米（升）、32厘米（升）、26厘米（升）等几种。

◎ 量杯

测量咖啡萃取量的器具。

◎ 盎司杯（量酒器）

用于测量浓缩汁、糖浆、果露等液态材料的工具。

外型尺寸：分有0.5盎司/1盎司、1盎司/1.5盎司两种不同容量。

加热工具

调制咖啡很多时候要加热，比如冲煮咖啡时，加热牛奶时等，下面是常见的加热工具。

◎ 电磁炉

用来加热水、牛奶等所用的工具。

◎ 充气管

用于给瓦斯炉填充燃气的耗材。

◎ 酒精灯

加热工具之一。

◎ 瓦斯炉

加热工具之一。

其他调制咖啡辅助工具

下面这些工具也是调制咖啡会用到的，您可以根据需要购买。

粉筛 ••••••••••

用于给咖啡筛粉的工具。

滤网 ••••••••••••••

制作咖啡时用于过滤咖啡渣的必须品。

咖啡渣盒 •••••••••

用来萃取咖啡后留下咖啡饼的专用工具。

冰模

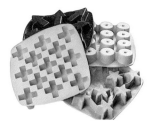

冻冰模具。

手冲细口壶 ••••••••••••••••

可装盛热开水，用来冲泡咖啡或花草茶。
外型尺寸：1升~1.8升。

木制搅拌棒 ••••••••

制作塞风壶咖啡时所需要的工具之一。

咖啡转印片 ••••••••

为了使粉类在咖啡上形成各式各样图案的工具。

计时器 ••••••••

用于记录和测量时间的工具。

雪克杯（摇酒杯）••••••••••

可将材料充分混合均匀，并使其产生泡沫，让饮品更美味。

外型尺寸：

有360毫升（小）、530毫升（中）、730毫升（大）不同容量。

饮用咖啡工具

调制好了咖啡，就可以慢慢享用了。想要喝得有品位、有情调，还得配上相宜的器皿。

勺子 ••••••••

品尝咖啡搅拌时配用。

皇家咖啡勺 ••••••••

制作皇家咖啡时使用的专用咖啡勺。

吸管 ••••••

装饰与饮品时用。

卡布奇诺杯 ••••

盛装卡布奇诺咖啡的器皿。

玻璃杯 ••••••

盛装调味咖啡的器皿。

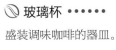

玻浓缩咖啡杯 ••

盛装浓缩咖啡的器皿。

拿铁杯 ••••••

盛装拿铁咖啡的器皿。

咖啡材料

咖啡豆

我们日常饮用的咖啡是将咖啡豆研磨后用各种不同的烹煮器具制作出来的。咖啡豆是指咖啡树果实的果仁。咖啡树属茜草科的常绿灌木或小乔木，被定位为最独特的生物碱饮用植物群。

咖啡属植物至少有四十个品种，但它的真正祖宗只有三个，即咖啡三原种：阿拉比卡种(Arabica coffee)、罗布斯塔种（robusta coffee）和利比里卡种（liberica coffee）。

阿拉比卡种 ·········

小粒种咖啡，原产于埃塞俄比亚，易于栽种，产量较高。在品质方面可称得上全世界最优质的咖啡，也是唯一可不加任何配料便可饮用的咖啡。目前，阿拉比卡咖啡的产量大约占世界咖啡总产量的70％。阿拉比卡咖啡的两个最好的品种是蒂皮卡咖啡和波旁咖啡。阿拉比卡咖啡树通常是较大的灌木，叶子为绿色，椭圆形，果实也是椭圆形的。这个品种的咖啡树适合在高原栽培。

罗布斯塔种 ·········

中粒种咖啡，原产于非洲的刚果，如今在非洲中西部、东南亚及巴西等地广泛种植。罗布斯塔咖啡抗病性强，耐高温，容易栽种，且可以种植在较低洼的地势上。该种咖啡的产量占全世界总产量的20％。一般罗布斯塔咖啡豆的滋味较贫乏，但咖啡因含量是阿拉比卡咖啡豆的2~3倍，价格便宜，大多数用来制作速溶咖啡和混合咖啡。这个品种的咖啡树适合在低洼地带栽培。

利比里卡种 ··········

大粒种咖啡，原产于非洲的利比里亚，栽培历史较前两种咖啡要晚。该种咖啡树大而坚韧，果实和咖啡豆也很大，在马来西亚和西非有少量种植。由于它的味道比较特殊，香味淡而酸味强，需求量低，因此生产量也较少。

全脂牛奶 • • • • • • • • • • • • •

乳脂肪含量应在3.0％～3.8％
之间。

低脂牛奶 • • • • • • • • • • •

乳脂肪含量应在0.5％～1.5％
之间。

淡奶油 • • • • • • • • • • • • • •

为制作发泡动物脂奶油的材
料，应搭配鲜奶油喷枪组操作
使用。

奶油球 • • • • • • • • • • • •

小容量的鲜奶油包装，通常是
随咖啡附上给顾客自由使用。

容量规格：10毫升/颗（20颗
为一包）、5毫升/颗（50颗为
一包）。

炼乳 • • • • • • • • • • • • • • •

具有一定的甜度，适用于调制
乳制类产品的材料。

容量规格：375克/罐。

方糖 • • • • • • • • • • • • • •

通常是搭配套组来呈现，适用
于手工咖啡的制作。

容量规格：72颗/盒
（5克/颗）。

糖包 • • • • • • • • • • • • • •

常用于热饮的制作。

容量规格：100包/袋，
8克/包。

蜂蜜 • • • • • • • • • • • • • •

具有圆滑丰润的甜香和丰富的
营养，搭配冰咖啡或热咖啡皆
宜，在花草茶、水果茶中的运
用也很普遍。

容量规格：1～2.5千克/桶。

棉花糖 • • • • • • • • • • • • •

制作咖啡时常用的一种食材。

🌰 酒类 ••

与咖啡相配使用，较常使用的有君度橙酒（Crointreau）、卡鲁哇咖啡酒（Kalua）、贝利爱尔兰奶油酒（Bailey's Irish Cream）、杏仁酒及和冰咖啡极为相配的薄荷酒（Peppermint Liqueur）。而烈酒和咖啡的组合多属于成人口味，常用的烈酒有白兰地、威士忌、朗姆酒。

🌰 糖浆 ••

市面上有多种品牌的加味糖浆。常用于调配咖啡的加味糖浆有草莓、玫瑰、焦糖、榛果、香草、薄荷等口味，有时利用其颜色就可以做出色彩缤纷的分层咖啡，更具卖相，兼有极佳的观赏性。

🌰 果露 •••

市面上有多种品牌的加味果露。常用于调配咖啡的加味果露有草莓、香橙、芒果、樱桃等口味，有时利用其颜色就可以做出色彩缤纷的分层咖啡，更具卖相，兼有极佳的观赏性。

🌰 果酱 •••••••••••••••••••••

使用不同酱类材料可以做出极具观赏性的咖啡雕花饮品，使咖啡饮品艺术得到提升的效果。常用的酱类材料有：芒果酱、小红莓酱、樱桃酱、蓝莓酱。

🌰 巧克力酱 ••••••••••••••••

常与巧克力粉、巧克力米、巧克力砖等在以咖啡和巧克力组合的摩卡咖啡中使用，用于提味增色。

🥄 可可粉 ··

制作咖啡时常用的一种材料。除了用来筛撒在咖啡表面作为装饰之外，有时也可以和咖啡一起混合拌匀以改变口味。

🥄 薄荷叶 ·············

制作咖啡时常用的一种辅助食材。

🥄 绿茶粉 ·····························

制作咖啡时常用的一种材料。除了用来筛撒在咖啡表面作为装饰之外，有时也可以和咖啡一起混合拌匀以改变口味。

🥄 冰块 ···············

调制冰咖啡时所必须的原料。

🥄 红茶包 ················

调节咖啡口味时使用，也可以直接用来制作红茶。

🥄 柠檬 ···········

有调节口味的作用，同时也有很好的装饰效果。

03

调制美味咖啡

至此，一杯自制浓缩咖啡或者说基底咖啡就做好了！

此即花式咖啡的制作方法，制作者可随心情创作出各种各样的咖啡，也可以发挥创意，制作出属于自己的独一无二的咖啡饮品。本书包含多款花式咖啡的调制方法，具体参见P268第三章的内容。

1 **选豆**：选择喜欢口味的咖啡豆进行下述程序。

> PS：可以是某些品牌咖啡店的配方豆。

2 **磨豆**：采用手动或者电动研磨机对烘焙好的咖啡豆进行研磨粉碎。

> PS：家庭也可以直接购买研磨好的咖啡粉，不需要再自行研磨。

3 **冲泡、萃取**：用研磨好的咖啡粉，使用不同的方法冲泡或者萃取出咖啡。

> PS：一般家庭较多见滤纸冲泡法或虹吸式咖啡壶冲泡法。如果要求更高，想要喝到更加口感浓郁的咖啡，可以购买一台意式咖啡机。

4 **调味**：可以加入鲜牛奶、酒类、冰淇淋等进行调味。

> PS：拉花咖啡要求较高，需要搭配意式浓缩咖啡作为基底，才能有丰富的黄金油脂泡沫。而对于其他类型的花式咖啡，如巧克力线条类、筛粉类或者雕花类，用一般冲泡的咖啡即可。本书中第三章的调味咖啡也可以用一般家庭冲泡的咖啡来调制，并不一定非要浓缩咖啡作基底。

情迷鸡尾酒

04

鸡尾酒于9世纪中期起源于美国，它是以蒸馏酒为基酒，再配以果汁、汽水、利口酒等辅料调制而成的，是一种色、香、味、形俱佳的艺术酒品。

鸡尾酒的分类

按其酒精含量分

①硬性饮料（Alcohol Drinks）：含酒精成分较高的鸡尾酒。

②软性饮料（Non-Alcohol Drinks）：不含酒精或只加少许酒，主要以柠檬汁、柳橙汁等调制的饮料。

按饮用时间长短分

①短饮类（Short Drink）：是指需要10～20分钟喝完的鸡尾酒。一般是指在小的调酒杯、战斗杯内调制的鸡尾酒。如B-52、红粉佳人等。

②长饮类（Long Drink）：是指饮用时间为40分钟左右的鸡尾酒，适合慢慢品尝。长饮类的酒一般量比较大，而且用的是直身杯、长饮杯或特饮杯等大型的杯具。调制过程中需要加入冰、碳酸饮料、果汁等。

按温度分

分为冷饮、热饮两种。鸡尾酒中一大半是冷饮，其中也有热饮。饮料的温度与人的体温以相差25～30℃为宜，人的感觉最舒适。冷饮的温度一般是6～10℃。热饮的温度为62～67℃，如爱尔兰咖啡。

按味道分

鸡尾酒按味道可分为5种，即甘、辛、中甘、中辛、酸。

鸡尾酒的特点

①生津开胃，增进食欲。

②缓解疲劳，营造轻松浪漫的气氛。

③口味绝佳，易被大众接受。

④具有观赏和品尝的双重价值。

⑤具有滋补、提神功效，富有浪漫色彩，饮用后能使人感到清爽、愉快。

鸡尾酒的调制方法

摇和法

摇和法是指将放有冰和原料的调酒壶进行摇动，从而将难以混合的鸡蛋或奶油或其他原料混合在一起，使原料急速冷却，并使酒精度数较高的酒变得易于饮用。大多数短饮鸡尾酒的制作都是用这种技法。用摇和法调酒的过程如下图所示：

point

1.原料放置的顺序：先冰块，再辅料，最后放主料（即基酒）。

2.含有气体的饮料是绝对不能在调酒壶中摇的。

3.摇酒时身体要保持稳定，剧烈摇动的是调酒壶，而不是身体。

调和法

是指在调酒杯里进行混合搅拌。调和过程中，需使用吧匙靠杯壁沿一个方向搅动大约10秒钟，然后用过滤器过滤到杯内。

point

1.使用的杯子要事先冰镇，大部分使用三角杯较多。

2.用此种方法调制的鸡尾酒，大部分都是由澄清的主、辅料混合而成的。

3.在调制过程中，时间不可过长，搅拌不可过于剧烈，以保证酒的特性不被破坏。

对和法

直接在酒杯中调制鸡尾酒的方法称为"对和法"。首先在杯内加入2~3块冰，按配方依次加入辅料、主料，最后用调酒棒轻轻搅动。

point

对和法可以用来调制分层鸡尾酒，但需要使用吧匙按照不同酒的密度依次倒入。

搅和法

是指使用电动搅拌机进行鸡尾酒的调制，这是调制具有冰凉风格鸡尾酒时一种必不可少的技法。最好使用碎冰，搅拌时间以30秒左右为宜。

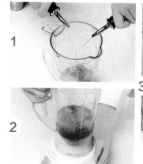
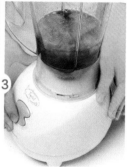

CHAPTER 2

爱上鸡尾酒

　　在醉人的芬芳中，开始一段关于鸡尾酒的奇妙旅行，就从鸡尾酒DIY开始吧！一杯晶莹剔透的鸡尾酒，便是一段不可思议的神奇经历！调制最适合自己的美味鸡尾酒，体验变幻莫测、浪漫高雅的鸡尾酒魅力，你会感到前所未有的快乐。

螺丝起子

Luosi Qizi

　　这是一种杯中洋溢着柳橙汁香味的鸡尾酒。在伊朗油田工作的美国工人以螺丝起子将伏特加及柳橙汁搅匀后饮用，故而取名为螺丝起子。如果将螺丝起子中的伏特加基酒换成琴酒，则变成橘子花鸡尾酒。美国禁酒法时期，这种鸡尾酒非常流行。螺丝起子的配方中如果多加一种叫加里安诺 (Galliano)的黄色甜味利口酒，就变成哈维·沃鲁班卡伏特加(HARVEY WALLBANGE)鸡尾酒。加里安诺的酒精度数是35%，原产地在意大利，是一种含有花草、药草及些许大茴香味的利口酒。

材料

绝对伏特加（原味）1盎司/40毫升

橙汁2盎司/80毫升

冰块8块

❶❷❸❹

制作过程

1. 将冰块放入杯中至六分满。

2. 然后加入绝对伏特加（原味）。

3. 最后加入橙汁。

4. 装饰上吸管和薄荷叶即可。

自由古巴

Ziyou Guba

　　这种酒的调配非常简单：用朗姆酒兑上适量的可乐而成。　朗姆酒虽然能兑各种饮料，但是调出的最著名的鸡尾酒还是"自由古巴"，说起这种鸡尾酒的由来和演变，也有一段颇有意思的故事。100年前，正是古巴人民要求独立的呼声一浪高过一浪的时候，革命军战士为了获得充足的体力，好打跑西班牙殖民军，就往他们钟爱的朗姆酒里加上咖啡、蜂蜜和白酒，这样调出的酒，保持了酒的芬芳，但是却不醉人。他们于是就给这种独一无二的鸡尾酒取了一个革命的名字——"自由古巴"。

材料

朗姆酒（白）2盎司/80毫升

可乐2盎司/80毫升

冰块10块

柠檬片2片

制作过程

1. 将冰块放入杯子至七分满，倒入朗姆酒（白）。

2. 接着倒入可乐。

3. 最后装饰上柠檬片和吸管即可。

金巴里
Jinbali

材料

朗姆酒（白）1盎司/40毫升

君度橙酒1盎司/40克

芒果糖浆$\frac{1}{2}$盎司/20毫升

新鲜柠檬汁$\frac{1}{2}$盎司/20毫升

冰块20块

制作过程

1. 将冰块加入杯子，倒入新鲜柠檬汁。

2. 倒入芒果糖浆。

3. 接着加入君度橙酒。

4. 最后加入朗姆酒（白），搅拌一下。

5. 装饰上薄荷叶即可。

梦中情人

Mengzhong Qingren

材料

冰块15块

蓝橙力娇酒 $\frac{1}{4}$ 盎司/10毫升

绝对伏特加（原味）1盎司/40毫升

接骨木花糖浆1盎司/40克

橙汁4盎司/160毫升

制作过程

1-2. 将部分冰块、绝对伏特加（原味）、接骨木花糖浆和橙汁放入雪克杯中，摇晃均匀。

3. 然后倒入杯中。

4. 加入剩余冰块。

5. 再把蓝橙力娇酒慢慢倒入杯中，让其沉入杯底。

6. 最后装饰上莱姆片和吸管即可。

艳阳天

Yanyangtian

材料

朗姆酒（白）1盎司/40毫升

樱桃白兰地$\frac{1}{2}$盎司/20毫升

芒果糖浆$\frac{1}{2}$盎司/20毫升

柠檬汁$\frac{1}{4}$盎司/10毫升

冰块10块

橙汁3盎司/120毫升

制作过程

1-2. 将冰块、朗姆酒（白）、樱桃白兰地、芒果糖浆、柠檬汁和橙汁一起放入雪克杯中。

3. 摇晃均匀。

4. 去冰倒入杯中。

5. 装饰上新鲜樱桃即可。

黑人南非

Heiren Nanfei

难易度 Nan Yi Du
★★

材料

绝对伏特加（原味）1盎司/40毫升

君度橙酒 $\frac{1}{2}$ 盎司/20毫升

柠檬汁 $\frac{1}{4}$ 盎司/10毫升

红石榴糖浆 $\frac{1}{4}$ 盎司/10毫升

冰块15块

制作过程

1-2. 将冰块、绝对伏特加、君度橙酒、柠檬汁和红石榴糖浆，一起加入雪克杯中。

3. 摇晃均匀。

4. 把摇晃均匀的酒倒入杯中。

5. 加上剩余冰块。

6. 最后装饰上莱姆丝和吸管即可。

芒果探戈

Mangguo Tange

制作过程

1-2. 将绝对伏特加（原味）、冰块、芒果糖浆、
　　　橙汁和红石榴糖浆一起放入雪克杯中摇匀。

3. 摇匀后去冰，倒入杯中。

4. 最后装饰上新鲜芒果条和吸管即可。

材料

绝对伏特加（原味）$1\frac{1}{2}$ 盎司/60毫升

芒果糖浆 $\frac{3}{4}$ 盎司/30毫升

橙汁4盎司/160毫升

红石榴糖浆 $\frac{1}{4}$ 盎司/10毫升

冰块12块

草莓滋味

Caomei Ziwei

难易度
Nan Yi Du
★★

材料

朗姆酒 $1\frac{1}{2}$ 盎司 /60毫升

草莓香甜酒 $1\frac{1}{2}$ 盎司 /60毫升

接骨木花糖浆 $\frac{3}{4}$ 盎司 /30毫升

橙汁4盎司 /160毫升

冰块20块

制作过程

1-2. 将冰块、朗姆酒、草莓香甜酒、接骨木花糖浆、橙汁和冰块倒入雪克杯中，轻轻摇匀。

3. 然后连冰块一起倒入杯中，最后装饰上薄荷叶和吸管即可。

爱在春天

Aizai Chuntian

永远都超不过30天的二月份，似乎命中注定了它的特殊性，中国的传统春节与西方的情人节似乎是商量好了一样，总能不约而同地携手而来。在这个冬去春来的时节，给您精心调配出最亮丽的鸡尾酒，为这不同凡响的二月增添点色彩。

材料

绝对伏特加（原味）$\frac{3}{4}$ 盎司/30毫升

蜜瓜香甜酒 $\frac{1}{2}$ 盎司/20毫升

芒果糖浆 $\frac{1}{2}$ 盎司/20毫升

橙汁3盎司/120毫升

柠檬汁 $\frac{1}{4}$ 盎司/10毫升

冰块15块

制作过程

1-3. 将部分冰块和其他材料依序倒入雪克杯中，轻轻摇匀。

4. 摇匀后倒入杯中。

5. 放上剩余冰块，装饰上新鲜樱桃和吸管即可。

新加坡特别司令

难易度
Nan Yi Du
★★

Xinjiapo Tebiesiling

材料

杜松子酒1盎司/40毫升

草莓香甜酒1盎司/40毫升

樱桃白兰地$\frac{1}{2}$盎司/20毫升

柠檬汁$\frac{1}{2}$盎司/20毫升

菠萝浓缩汁2盎司/80毫升

冰块25块

制作过程

1-3. 将部分冰块和其他材料依序加入雪克杯中摇晃均匀。

4. 倒入杯中，放入剩余冰块。

5. 装饰上油桃和吸管即可。

日出

Richu

材料

龙舌兰酒1盎司/40毫升

浓缩百香果汁$\frac{1}{2}$盎司/20毫升

橙汁3盎司/120毫升

草莓香甜酒$\frac{1}{4}$盎司/10毫升

冰块20块

制作过程

1-3. 将部分冰块、龙舌兰酒、浓缩百香果汁和橙汁依序倒入雪克杯中，摇晃均匀。

4. 去冰，直接倒入杯中。

5. 加上剩余冰块。

6. 再加入草莓香甜酒。

7. 最后装饰上新鲜樱桃和薄荷叶即可。

蔓越莓与苹果的碰撞

Manyuemei yu Pingguo de Pengzhuang

材料

绝对伏特加（原味）$1\frac{1}{2}$盎司/60毫升

青苹果糖浆1盎司/40毫升

蔓越莓汁1盎司/40毫升

冰块15块

制作过程

1. 将部分冰块和其他材料依序倒入雪克杯中，轻轻摇匀。

2. 然后倒入杯中。

3. 加上剩余冰块，最后装饰上新鲜芒果块即可。

橙汁金巴利

Chengzhi Jinbali

难易度
Nan Yi Du
★★

金巴利是一种口味很苦的酒，不喜欢饮苦酒的人可以加橙汁使其变甜，可用瓶装或罐装的橙汁。如果添加用榨汁器榨出的鲜橙汁饮用起来会更可口，但由于1个橙汁的量不多，还是使用小型坦布勒杯来盛装较好。

材料

绝对金巴利（原味）1盎司/40毫升

橙汁2盎司/80毫升

冰块8块

制作过程

1-3. 把冰块、金巴利和橙汁倒入雪克杯中摇匀。

4. 倒入杯中，装饰上蜜橘片即可。

墨西哥月亮

Moxige Yueliang

材料

龙舌兰酒1盎司/40毫升

蓝橙香甜酒1盎司/40毫升

芒果糖浆$\frac{1}{2}$盎司/20毫升

柠檬汁$\frac{1}{2}$盎司/20毫升

冰块15块

制作过程

1-3. 将部分冰块和其他材料依序倒入雪克杯中，摇匀去冰。

4. 直接倒入杯中。

5. 最后装饰上莱姆片即可。

巧克力爱恋

Qiaokeli Ailian

难易度
Nan Yi Du
★★

材料

杜松子酒1盎司/40毫升

棕可可香甜酒1盎司/40毫升

榛果糖浆 $\frac{1}{2}$ 盎司/20毫升

冰块10块

制作过程

1-3. 将部分冰块和其他材料一起倒入雪克杯中摇匀。

4. 去冰后，倒入杯中。

5. 放上冰块，最后装饰上新鲜莱姆片和新鲜樱桃即可。

柯梦波丹

Kemeng Bodan

材料

绝对伏特加（柠檬味）$1\frac{1}{2}$盎司/60毫升

君度橙酒$\frac{1}{2}$盎司/20毫升

蔓越莓汁1盎司/40毫升

新鲜莱姆汁$\frac{1}{2}$盎司/20毫升

冰块15块

制作过程

1-2. 将冰块和其他材料依序倒入雪克杯中摇匀。

3. 去冰后，倒入杯中，装饰上新鲜樱桃即可。

杜松子汽水

Dusongzi Qishui

制作过程

1. 把冰块放入杯中，倒上杜松子酒。

2. 再加入汽水至八分满。

3. 最后装饰上莱姆片、樱桃和青提即可。

材料

杜松子酒1盎司/40毫升

汽水80毫升

冰块10块

新加坡司令

难易度
Nan Yi Du
★★

Xinjiapo Siling

有些鸡尾酒以城市的名称命名，本鸡尾酒就是其中之一。它诞生在新加坡波拉普鲁饭店。口感清爽的琴嘶沫酒配上热情的樱桃白兰地，喝起来口味更加舒畅。夏日午后，这种酒能使人疲劳顿消。英国的塞麦塞特·毛姆将"新加坡司令"的诞生地——波拉普鲁饭店评为"充满异国情调的东洋神秘之地"。波拉普鲁饭店所调的"新加坡司令"用了十种以上的水果做装饰，看起来非常赏心悦目。

材料

杜松子酒1盎司/40毫升

樱桃白兰地$\frac{1}{2}$盎司/20毫升

红石榴糖浆$\frac{1}{4}$盎司/10毫升

汽水100毫升

冰块20块

制作过程

1. 将冰块放入杯中。

2-3. 依序加入杜松子酒、樱桃白兰地和红石榴糖浆。

4. 再加入汽水至八分满。

5. 最后装饰上两颗新鲜樱桃即可。

海军幻影

Haijun Huanying

难易度
Nan Yi Du
★★

材料

绝对伏特加（原味）$1\frac{1}{2}$盎司/60毫升

蜜桃香甜酒$\frac{1}{2}$盎司/20毫升

橙汁$\frac{1}{2}$盎司/20毫升

冰块15块

制作过程

1-2. 将冰块和其他材料依序加入雪克杯中摇匀。

3. 去冰，倒入杯中，装饰上蜜橘块即可。

轰炸机

Hongzhaji

难易度
Nan Yi Du
★★

制作过程

1. 将咖啡酒慢慢地倒入杯中。
2. 接着再慢慢地倒入奶油酒。
3. 最后倒入君度橙酒即可饮用。

材料

奶油酒1盎司/40毫升

君度橙酒1盎司/40毫升

咖啡酒1盎司/40毫升

迈泰
Maitai

制作过程

1-2. 将冰块放入杯中，倒入朗姆酒（白）。

3. 接着倒入浓缩菠萝汁、橙汁和柠檬汁。

4. 最后倒入朗姆酒（黑），再轻轻搅拌一下，装饰上莱姆片、芒果条和樱桃即可。

材料

朗姆酒（黑）$\frac{1}{2}$盎司/20毫升

朗姆酒（白）$\frac{1}{2}$盎司/20毫升

浓缩菠萝汁$\frac{1}{2}$盎司/20毫升

橙汁2盎司/80毫升

柠檬汁$\frac{1}{4}$盎司/10毫升

冰块15块

兴奋中

Xingfenzhong

材料

奶油酒1盎司/40毫升

杏仁香甜酒1盎司/40毫升

咖啡酒1盎司/40毫升

冰块25块

制作过程

1. 将冰块倒入杯中。

2. 依序加入奶油酒、杏仁香甜酒和咖啡酒。

3. 轻轻搅拌一下。

4. 装饰上杏仁粒即可。

丰收鸡尾酒

Fengshou Jiweijiu

材料

朗姆酒（黑）$\frac{1}{2}$盎司/20毫升

菠萝汁 $\frac{1}{2}$盎司/20毫升

橙汁3盎司/120毫升

柠檬汁 $\frac{1}{4}$盎司/10毫升

红石榴糖浆 $\frac{1}{4}$盎司/10毫升

冰块15块

制作过程

1-2. 将冰块放入杯中，然后倒入朗姆酒（黑）。

3-4. 接着倒入橙汁、浓缩菠萝汁、柠檬汁。

5. 最后倒入红石榴糖浆，轻轻搅拌一下，装饰上油桃薄片和吸管即可。

64

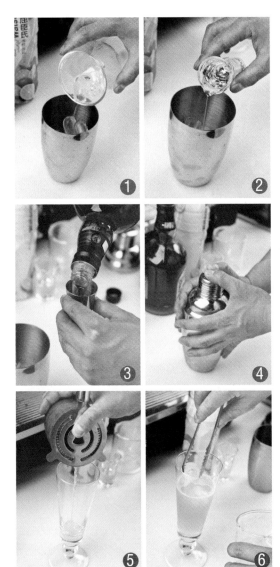

柠檬威士忌

Ningmeng Weishiji

材料

威士忌 $1\frac{1}{2}$ 盎司 /60毫升

柠檬汁 $\frac{1}{2}$ 盎司 /20毫升

糖水 $\frac{1}{2}$ 盎司 /20毫升

冰块15块

制作过程

1-4. 把部分冰块和其他材料依序放入雪克杯中摇晃均匀。

5. 去冰后，倒入杯中。

6. 放上剩余冰块，然后装饰上新鲜柠檬片和樱桃即可。

65

蓝色夏威夷

难易度
Nan Yi Du
★★

Lanse Xiaweiyi

"蓝色夏威夷(blue hawaiian)"洋溢着热带风情，见到它就会让人不禁联想到长夏之岛——夏威夷的蔚蓝大海。蓝橙酒代表蓝色的海洋，塞满酒杯中的碎冰象征着泛起的浪花，而酒杯里散发的果汁甜味犹如夏威夷的微风细语。所以这款鸡尾酒一直是以色香味齐全和洋溢着海岛风情而倾倒顾客，为世人所热衷。

材料

椰子香甜酒1盎司/40毫升

朗姆酒（白）1盎司/40毫升

蓝橙酒力娇酒1盎司/40毫升

菠萝汁6盎司/240毫升

柠檬汁$\frac{1}{2}$盎司/20毫升

冰块20块

制作过程

1-3. 将部分冰块和其他材料一起放入雪克杯中，轻轻摇匀。

4. 去冰后，直接倒入杯中。

5. 再加入剩余冰块，装饰上两片莱姆片、新鲜樱桃和吸管即可。

沙滩上的脚印

Shatanshangde Jiaoyin

难易度
Nan Yi Du
★★

制作过程

1. 将冰块先放入杯中，倒入绝对伏特加（原味）。

2-4. 按顺序依次加入所有材料，再轻轻搅拌一下，装饰上两片莱姆片和吸管即可。

材料

绝对伏特加（原味）1盎司/40毫升

蜜桃香甜酒 $\frac{1}{2}$ 盎司/20毫升

葡萄汁4盎司/160毫升

蔓越莓汁4盎司/160毫升

柠檬汁 $\frac{1}{2}$ 盎司/20毫升

冰块15块

红粉知己

Hongfen Zhiji

材料

苏格兰威士忌酒 $\frac{3}{4}$ 盎司/30毫升

橙汁1盎司/40毫升

红石榴糖浆 $\frac{1}{4}$ 盎司/10毫升

冰块5块

制作过程

1-3. 将冰块、威士忌酒、橙汁和红石榴糖浆一起加入雪克杯中，摇匀。

4. 去冰后，倒入杯中，将青提子穿在牙签上，装饰在杯口即可。

因为爱情

Yinwei Aiqing

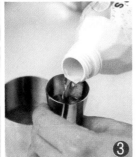

材料

朗姆酒（白）$1\frac{1}{2}$ 盎司/60毫升

柠檬汁1盎司/40毫升

樱花糖浆 $\frac{1}{2}$ 盎司/20毫升

汽水2盎司/80毫升

冰块10块

制作过程

1-3. 将部分冰块，朗姆酒（白）和柠檬汁一起放入雪克杯中摇匀。

4. 去冰后倒入杯中。

5-6. 再倒入樱花糖浆，加上剩余冰块。

7. 倒入汽水至八分满，再装饰上樱桃即可。

敢死队

Gansidui

难易度 Nan Yi Du ★★

材料

绝对伏特加（原味）$1\frac{1}{2}$盎司/60毫升

君度橙酒1盎司/40毫升

新鲜莱姆汁1盎司/40毫升

冰块15块

制作过程

1-3. 将部分冰块、绝对伏特加（原味）、君度橙酒和新鲜柠檬汁一起放入雪克杯中摇匀。

4. 去冰后，倒入杯中。

5. 再加上剩余冰块，装饰上一片莱姆片即可。

72

玫瑰小姐

Meigui Xiaojie

材料

美国威士忌酒$1\frac{1}{2}$盎司/60毫升

黑加仑力娇酒$\frac{1}{4}$盎司/10毫升

玫瑰糖浆$\frac{1}{2}$盎司/20毫升

柠檬汁$\frac{1}{4}$盎司/10毫升

冰块10块

制作过程

1-3. 将部分冰块和其他材料一起放入雪克杯中
摇匀。

4. 去冰后，倒入杯中。

5. 加上剩余冰块，最后装饰上桃片即可。

蜜桃成熟时

Mitao Chengshushi

材料

美国威士忌酒 $1\frac{1}{2}$ 盎司/60毫升

蜜桃香甜酒1盎司/40毫升

蓝橙香甜酒1盎司/40毫升

橙汁1盎司/40毫升

蛋清1个

冰块15块

制作过程

1-3. 将冰块、美国威士忌、蜜桃香甜酒、蓝橙香甜酒和蛋清一起放入雪克杯中摇匀。

4. 摇匀后去冰，倒入杯中。

5. 倒入橙汁至九分满，装饰上油桃片、芒果块和蓝莓即可。

柯那

难易度
Nan Yi Du
★★

Kena

材料 ●●

杜松子酒1盎司/40毫升

君度橙酒1盎司/40毫升

橙汁2盎司/80毫升

蔓越莓汁1盎司/40毫升

冰块15块

制作过程 ●●

1-3. 将部分冰块和其他材料一起放入雪克杯中，
摇晃均匀。

4. 去冰后，倒入杯中。

5. 最后加上剩余冰块，装饰一块蜜橘即可。

咸狗

Xiangou

材料

绝对伏特加（原味）$\frac{3}{4}$盎司/30毫升

浓缩草莓番石榴果汁$\frac{1}{4}$盎司/10毫升

冰块5块

制作过程

1. 把柠檬切片，在杯子的边缘转一圈。

2. 把杯子放在装有盐的碟子里，粘上一圈盐，轻轻摇晃一下杯子，把多余的盐末摇掉。

3-4. 将冰块放入杯中，加入绝对伏特加（原味）。

5. 最后倒入浓缩草莓番石榴果汁，轻轻搅拌一下，用牙签串上蓝莓装饰即可。

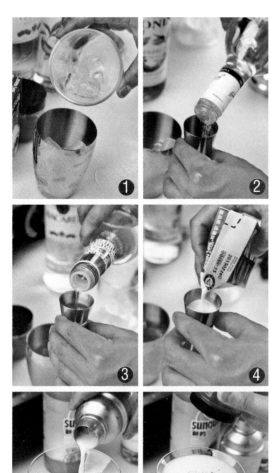

快乐至上

Kuaile Zhishang

材料

朗姆酒（白）1盎司/40毫升

白可可力娇酒1盎司/40毫升

香蕉糖浆$\frac{1}{2}$盎司/20毫升

浓缩百香果汁$\frac{1}{2}$盎司/20毫升

淡奶油（未打发）$\frac{1}{2}$盎司/20毫升

冰块10块

制作过程

1-4. 将所有材料依序倒入到雪克杯中。

5. 摇匀去冰后倒入到杯中。

6. 最后撒上可可粉，装饰上莱姆片和芒果块即可。

苏联大枪

Sulian Daqiang

制作过程

1-2. 将所有材料一起放入雪克杯中摇晃均匀。

3. 摇匀去冰后，倒入杯中，装饰上油桃片即可。

材料

绝对伏特加（原味）1盎司/40毫升

蜜桃香甜酒 $\frac{3}{4}$ 盎司/30毫升

白可可力娇酒 $\frac{3}{4}$ 盎司/30毫升

君度橙酒 $\frac{3}{4}$ 盎司/30毫升

淡奶油（未打发）1盎司/40毫升

冰块10块

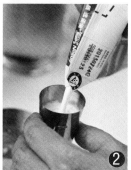

天使在人间

Tianshi Zairenjian

材料

咖啡香甜酒1$\frac{1}{2}$盎司/60毫升

打发淡奶油10克

制作过程

1-2. 将咖啡香甜酒倒入小杯子中。

3. 接着用勺子挖上打发好的淡奶油，最后装饰上百里香即可。

椰林风景

Yelin Fengjing

难易度
Nan Yi Du
★★

材料

朗姆酒 $1\frac{1}{2}$ 盎司/60毫升

椰子香甜酒 $\frac{3}{4}$ 盎司/30毫升

菠萝汁3盎司/120毫升

淡奶油3盎司/120毫升

冰块15块

制作过程

1-2. 将部分冰块及其他材料一起放入雪克杯中，摇晃均匀。

3. 摇匀去冰后，直接倒入杯中。

4. 放上剩余冰块至八分满，装饰上小玉西瓜切片即可。

忆当年

Yidangnian

材料

美国威士忌1盎司/40毫升

糖水1盎司/40毫升

苏打汽水2盎司/80毫升

冰块10块

制作过程

1. 把莱姆片放入杯底，冰块放入杯中。

2. 接着加入糖水。

3. 再倒入美国威士忌。

4. 最后倒入苏打汽水，用莱姆片及吸管装饰即可。

红粉佳人

Hongfen Jiaren

1911年，伦敦上演了《红粉佳人》这一出戏剧，在随后的酒会上为了追捧女主角，而将此酒命名为"红粉佳人"。点用此酒的以女性居多，但其口味未必是针对女性的，其酒精度也很高，饮用时一定注意。现在此酒在市面上很少见了。以前此酒的调配比例是金酒占三分之二，其余为白兰地，这样调和出的酒味道尚可，但颜色不好看。为了得到漂亮的粉红色，在各种配料加入后，可再加入少量石榴糖浆，其窍门是边搅边加。加入的果汁越多口感越甜。

材料

杜松子酒1盎司/40毫升

淡奶油（未打发）$1\frac{1}{2}$盎司/60毫升

红石榴糖浆$\frac{1}{2}$盎司/20毫升

冰块10块

制作过程

1-4. 将所有材料一起放入雪克杯中，摇晃均匀。

5. 摇匀后去冰，倒入杯中，最后装饰上奇异果片即可。

长岛冰茶

Changdao Bingcha

此酒在纽约州的长岛诞生，最近在日本登陆并迅速流行开来。其制作方法种类繁多，主要配比是混合数种烈酒后，用果汁和可乐兑和。调和此酒时所使用的酒基本上都是40°以上的烈酒，即使是冰茶的酒精度，也比"无敌鸡尾酒"要强。尝试饮用此酒后，再去饮用以酒精度稍弱的酒调和的相同配比的鸡尾酒，就不害怕酒精鸡尾酒了。以前曾经风行一时的热带鸡尾酒热，就是由此酒引爆的。但一点应留意，此酒虽然取名"冰茶"但口味辛辣。

材料

杜松子酒1盎司/40毫升

绝对伏特加（原味）1盎司/40毫升

君度橙酒1盎司/40毫升

朗姆酒（白）1盎司/40毫升

龙舌兰酒$\frac{1}{2}$盎司/20毫升

柠檬汁$\frac{1}{4}$盎司/10毫升

可乐3盎司/120毫升

冰块10块

制作过程

1-2. 将冰块放入杯中，加入杜松子酒。

3. 然后倒入绝对伏特加（原味）、君度橙酒、朗姆酒、龙舌兰酒和柠檬汁。

4. 最后倒入可乐，轻轻搅拌一下，装饰上三片莱姆片即可。

血腥玛丽

Xuexing Mali

难易度
Nan Yi Du
★ ★ ★

材料

美国威士忌1盎司/40毫升

糖水1盎司/40毫升

苏打汽水2盎司/80毫升

冰块10块

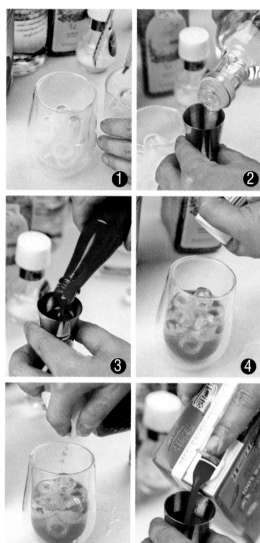

制作过程

1-2. 将冰块放入杯中，加入绝对伏特加（原味）。

3-5. 接着依序放上辣椒酱、盐和胡椒粉。

6. 再加入西红柿汁，轻轻搅拌一下，最后装饰上莱姆片即可。

约翰可林

Yuehan Kelin

难易度
Nan Yi Du
★★

材料

美国威士忌2盎司/80毫升

柠檬汁1盎司/40毫升

糖水$\frac{1}{2}$盎司/20毫升

苏打汽水3盎司/120毫升

冰块15块

制作过程

1-3. 将冰块、美国威士忌、柠檬汁和糖水一起放
入雪克杯中，摇匀。

4. 去冰后，倒入杯中。

5. 再倒入苏打汽水至八分满。

6. 最后装饰上小蓝莓即可。

皇家基尔

Huangjia Jier

难易度
Nan Yi Du
★★

材料

黑加仑力娇酒1盎司/40毫升
香槟酒4盎司/160毫升

制作过程

①

将香槟酒倒入杯中至七分满。

②

再慢慢加入黑加仑力娇酒即可。

86

巴克菲士

Bake Feishi

难易度
Nan Yi Du
★★

材料

橙汁 $1\frac{1}{2}$ 盎司
/60毫升

香槟酒 $1\frac{1}{2}$ 盎司
/60毫升

冰块10块

制作过程

① 将冰块放入杯中，接着加入橙汁。

② 再倒入香槟酒至八分满。

③ 装饰上蜜橘片即可。

国王

Guowang

难易度
Nan Yi Du
★★

材料

咖啡香甜酒$1\frac{1}{2}$盎司/60毫升

淡奶油1盎司/40毫升

冰块15块

制作过程

1. 将冰块放入杯中,倒入咖啡香甜酒。

2-4. 再倒入淡奶油,轻轻地搅拌一下。

5. 最后装饰上咖啡豆即可。

美国柠檬酒
Meiguo Ningmengjiu

材料

红葡萄酒 $\frac{3}{4}$ 盎司/30毫升

柠檬汁1盎司/40毫升

细砂糖3克

矿泉水2盎司/80毫升

冰块10块

制作过程

1-3. 先将柠檬汁和细砂糖装入杯中搅拌,使其充
分溶解。

4. 然后加入冰块,倒入冷的矿泉水至八分满。

5. 最后慢慢加入红葡萄酒即可。

贝里尼

Beilini

难易度
Nan Yi Du
★★★

材料

香槟酒2盎司/80毫升

蜜桃利口酒$\frac{1}{2}$盎司/20毫升

石榴糖浆5毫升

制作过程

1. 在杯中先倒入蜜桃利口酒。

2. 接着加入石榴糖浆。

3. 再倒入香槟酒至杯子的八分满。

4. 最后装饰上桃片即可。

雪球

Xueqiu

材料

蛋黄利口酒1盎司/40毫升

橙汁 $\frac{1}{4}$ 盎司/10毫升

柠檬汁 $\frac{1}{4}$ 盎司/10毫升

冰块10块

制作过程

1. 将冰块放入杯中。

2. 加入蛋黄利口酒。

3. 再加入橙汁。

4. 最后倒入柠檬汁，轻轻搅拌一下，装饰上橙片即可。

番石榴菲士

Fanshiliu Feishi

材料

金酒1盎司/40毫升

番石榴果汁$\frac{3}{4}$盎司/30毫升

柠檬汁$\frac{1}{4}$盎司/10毫升

糖水$\frac{1}{4}$盎司/10毫升

苏打汽水$1\frac{1}{2}$盎司/60毫升

冰块10块

制作过程

1-3. 将冰块、金酒、番石榴果汁、柠檬汁和糖水一起倒入雪克杯中摇匀。

4. 摇匀后，倒入杯中，加上冰块。

5. 再倒入苏打汽水，至九分满。

6. 装饰上奇异果片即可。

乡村姑娘

Xiangcun Guniang

材料

朗姆酒1盎司/40毫升

细砂糖2克

新鲜莱姆半个

冰块10块

制作过程

1. 将莱姆切成小块。

2. 将莱姆块放入杯中。

3-4. 加入细砂糖搅拌一下。

5. 将冰块放入杯中。

6. 再将杯中注入朗姆酒，至八分满，最后装饰上莱姆条即可。

汤姆柯林斯

Tangmu Kelinsi

难易度
Nan Yi Du
★★

此酒的名字最初不叫"汤姆",而是由设计此酒的伦敦侍者的名字来命名的,即"约翰柯林斯"。后来用英国产的瓦尔特·汤姆金酒来代替荷兰产金酒。酒名也就由"约翰柯林斯"改为"汤姆柯林斯"了。目前,"约翰"仍是以美国威士忌为基酒调和的柯林斯鸡尾酒的总称。因此,采用"约翰柯林斯"更贴切一些。

材料

金酒 $1\frac{1}{2}$ 盎司/60毫升

柠檬汁 $1\frac{1}{2}$ 盎司/20毫升

糖水 $\frac{1}{4}$ 盎司/10毫升

苏打汽水2盎司/80毫升

冰块15块

制作过程

1-2. 将冰块、金酒、柠檬汁和糖水一起放入雪克杯中,轻轻摇匀。

3-4. 然后倒入杯中,加上冰块。

5. 再注入苏打汽水,至杯子八分满。

6. 最后装饰上莱姆片和桃片即可。

玛格丽特

Mage Lite

难易度
Nan Yi Du
★★★

材料

龙舌兰酒 $1\frac{1}{2}$ 盎司/60毫升

君度橙酒 $\frac{1}{2}$ 盎司/20毫升

新鲜柠檬汁1盎司/40毫升

冰块15块

制作过程

1. 把柠檬切片，在杯子的边缘转一圈。

2-3. 把杯子放在装有盐的碟子里，沾上一圈盐。
轻轻摇晃一下杯子，把多余的盐末摇掉。

4-7. 接着将所有的材料一起放入雪克杯中，轻轻
摇匀。

8. 摇匀去冰后，倒入杯中，装饰上柠檬片即可。

青珊瑚

Qingshanhu

难易度
Nan Yi Du
★★★

材料

金酒 $1\frac{1}{2}$ 盎司/60毫升

绿薄荷酒1盎司/40毫升

柠檬汁 $\frac{1}{4}$ 盎司/10毫升

冰块10块

制作过程

1-2. 将冰块、金酒和绿薄荷酒一起放入雪克杯中，摇匀。

3. 在杯中先倒入柠檬汁。

4. 接着把摇匀去冰后的酒倒入杯中。

5. 最后装饰上红提即可。

热威士忌托地

Reweishiji Tuodi

材料

威士忌1盎司/40毫升

方糖1块

热水$1\frac{1}{2}$盎司/60毫升

柠檬片1片

肉桂棒1根

制作过程

1. 将方糖和热水同放入杯中，至糖溶化。

2. 将威士忌倒入杯中。

3. 接着加入热糖水。

4. 再加入柠檬片。

5. 最后加入肉桂棒即可。

北极冰

Beijibing

准易度
Nan Yi Du
★★

材料

威士忌1盎司/40毫升

桃汁 $\frac{1}{2}$ 盎司/20毫升

姜汁汽水5盎司/200毫升

冰块20块

莱姆皮 1个

制作过程

1. 把莱姆皮削成螺旋状，然后放入杯中。

2. 把冰块放入杯中。

3-4. 倒入威士忌和桃汁。

5. 再倒入姜汁汽水，至八分满。

6. 最后装饰上莱姆片和吸管即可。

感恩之心

难易度
Nan Yi Du
★★★

Ganen Zhixin

材料

伏特加酒 $\frac{3}{4}$ 盎司/30毫升

蜜瓜利口酒1盎司/40毫升

桃汁 $1\frac{1}{2}$ 盎司/60毫升

柠檬汁 $\frac{1}{4}$ 盎司/10毫升

椰奶 $\frac{1}{2}$ 盎司/20毫升

冰块10块

制作过程

1-3. 把冰块、伏特加酒、蜜瓜利口酒、桃汁、柠
檬汁和椰奶一起放入雪克杯中摇匀。

4-5. 摇匀去冰后，倒入杯中。

6. 最后装饰上青提和芒果即可。

火烈鸟女郎

Huolieniao Nolang

材料

伏特加 $\frac{1}{2}$ 盎司/20毫升

蜜桃利口酒 $\frac{1}{2}$ 盎司/20毫升

番石榴果汁1盎司/40毫升

柠檬汁 $\frac{1}{4}$ 盎司/10毫升

石榴糖浆5毫升

冰块10块

制作过程

1. 将杯口处沾上石榴糖浆，约一厘米宽。

2. 再沾上细砂糖装饰。

3-5. 把冰块、伏特加、蜜桃利口酒、番石榴果汁和柠檬汁一起放入雪克杯中摇匀。

6. 去冰后，倒入杯中，再放上冰块。

7. 装饰上芒果片即可。

香槟茱莉普

Xiangbin Zhulipu

难易度
Nan Yi Du
★ ★

材料

方糖1块

薄荷叶4片

矿泉水2盎司/80毫升

香槟酒2盎司/80毫升

冰块10块

制作过程

1-2. 将方糖和薄荷叶一起放入杯中，用木棍
捣碎。

3-4. 加入矿泉水和冰块，轻轻搅拌一下。

5. 接着倒入香槟酒，至七分满。

6. 最后装饰上薄荷叶、吸管和蜜橘即可。

威士忌托地

Weishiji Tuodi

难易度
Nan Yi Du
★ ★

制作过程

1. 将三片柠檬片先放入杯中。

2. 接着把糖水和威士忌一起放入杯中。

3. 加入冰块。

4. 最后装饰上一片柠檬片即可。

材料

威士忌1盎司/40毫升

糖水 $\frac{1}{2}$ 盎司/20毫升

柠檬片4片

冰块8块

第五大道

Diiou Dadao

难易度
Nan Yi Du
★★★

制作过程

1. 先将可可力娇酒倒入杯中。

2. 使用条形调羹，把白兰地顺着长勺慢慢地流送到杯中，形成分层。

3. 将淡奶油用打蛋器打发好。

4. 最后用小勺慢慢地挖入打发好的淡奶油，形成一个个奶油块即可。

材料

可可力娇酒1盎司/40毫升

白兰地1盎司/40毫升

淡奶油1盎司/40毫升

天使之吻

Tianshi Zhiwen

这款"天使之吻"鸡尾酒口感甘甜而柔美，如丘比特之箭射中恋人的心。一般取一颗甜味樱桃置于杯口，在乳白色鲜奶油的映衬下，恍似天使的红唇，因此得名"天使之吻"。在情人节等重要的日子，喝一杯这样的鸡尾酒，爱神肯定会把思念传递给你朝思暮想的人。国外也称此酒为"天使美人痣"。需要注意的是，可可利口酒、白兰地、紫罗兰利口酒、鲜奶油只有在调制成彩虹类餐后饮料时才被称为"天使之吻"。

材料

可可力娇酒 $\frac{3}{4}$ 盎司/30毫升

紫罗兰利口酒 $\frac{3}{4}$ 盎司/30毫升

白兰地 $\frac{3}{4}$ 盎司/30毫升

淡奶油 (打发) $\frac{3}{4}$ 盎司/30毫升

制作过程

1. 先将可可力娇酒倒入杯中。

2. 使用条形调羹，把紫罗兰利口酒顺着长勺慢慢地流送到杯中，形成分层。

3. 再用同样的方式倒入白兰地。

4. 用小勺慢慢地挖入打发好的淡奶油，形成分层。

5. 最后装饰上薄荷叶即可。

撞击白兰地

Zhuangji Bailandi

材料

白兰地3盎司/120毫升

糖水$\frac{1}{2}$盎司/20毫升

薄荷叶4片

冰块20块

制作过程

1. 把薄荷叶剪碎，放入杯中。

2. 接着加入冰块。

3-4. 倒入糖水和白兰地。

5-6. 搅拌一下，再装饰上芒果、莱姆片和薄荷叶即可。

薄荷茱莉普

Bohe Zhulipu

材料

威士忌1盎司/40毫升

糖水$\frac{1}{4}$盎司/10毫升

薄荷叶8片

柠檬汁$\frac{1}{4}$盎司/10毫升

苏打汽水2盎司/80毫升

冰块15块

制作过程

1-2. 将薄荷叶和冰块交替放入杯中。

3. 在杯中倒入糖水和柠檬汁。

4. 接着再倒入威士忌。

5. 最后倒入苏打汽水。

6. 搅拌一下，装饰上薄荷叶和搅拌棒即可。

血腥凯撒

难易度
Nan Yi Du
★★

Xuexing Kaisa

材料

威士忌1盎司/40毫升

番茄汁2盎司/80毫升

冰块10块

制作过程

1. 先把冰块放入杯中。

2. 接着倒入威士忌。

3. 再倒入番茄汁。

4-5. 最后装饰上芹菜段和柠檬片即可。

蓝月亮

Lanyueliang

材料

金酒 $\frac{1}{2}$ 盎司/20毫升

紫罗兰利口酒 $\frac{1}{2}$ 盎司/20毫升

柠檬汁 $\frac{1}{4}$ 盎司/10毫升

冰块15块

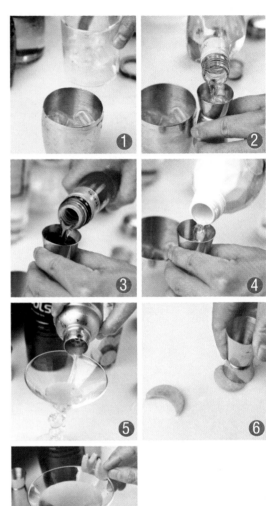

制作过程

1-4. 把冰块、金酒、紫罗兰利口酒和柠檬汁一起放入雪克杯中，摇匀。

5. 把摇匀去冰的酒倒入杯中。

6-7. 将桃子做成月亮形状，装饰在杯口即可。

庄园主宾治

Zhuangyuanzhu Binzhi

材料

朗姆酒（白）$1\frac{1}{2}$盎司/60毫升

柑橘味力娇酒$\frac{3}{4}$盎司/30毫升

糖水$\frac{1}{4}$盎司/10毫升

冰块50块

制作过程

1. 先将4/5的冰块放入杯中，捣碎备用。

2-3. 接着把朗姆酒（白）、柑橘味力娇酒、糖水
和剩余的冰块一起放入雪克杯中摇匀。

4-5. 杯中放入莱姆片，把捣碎的冰放入杯中。

6. 倒入去冰摇匀的酒。

7. 最后装饰上薄荷叶即可。

113

古巴的太阳

Guba de Taiyang

材料

朗姆酒（白）$1\frac{1}{2}$盎司/60毫升

浓缩西柚汁$\frac{3}{4}$盎司/30毫升

苏打汽水3盎司/120毫升

冰块15块

制作过程

1. 将冰块放入杯中。

2. 加入朗姆酒（白）。

3-4. 接着加入浓缩西柚汁，搅拌一下。

5. 再倒入苏打汽水至八分满。

6. 表面装饰上莱姆片、薄荷叶和搅拌棒即可。

贵格会鸡尾酒

难易度
Nan Yi Du
★★★

Guigehui Jiweijiu

材料

白兰地1盎司/40毫升

朗姆酒（白）1盎司/40毫升

柠檬汁$\frac{1}{4}$盎司/10毫升

覆盆子糖浆$\frac{1}{4}$盎司/10毫升

冰块10块

制作过程

1-3. 将冰块、白兰地、朗姆酒（白）、柠檬汁和
覆盆子糖浆一同放入雪克杯中摇匀。

4. 摇匀后去冰，倒入杯中。

5. 装饰上切好的桃片即可。

樱花

Yinghua

难易度
Nan Yi Du
★ ★

材料

全酒 $\frac{1}{4}$ 盎司/10毫升

蜜桃利口酒 $\frac{1}{2}$ 盎司/20毫升

樱花糖浆 $\frac{1}{4}$ 盎司/10毫升

柠檬汁 $\frac{1}{4}$ 盎司/10毫升

冰块10块

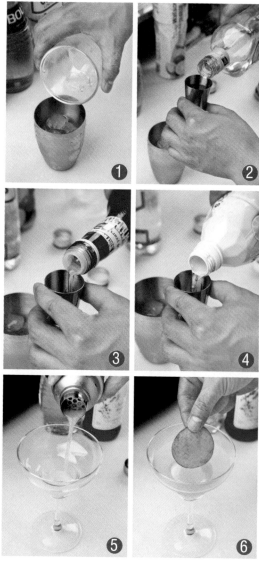

制作过程

1-4. 把冰块、金酒、蜜桃利口酒、樱桃糖浆和柠檬汁一起放入雪克杯中摇匀。

5. 去冰后，倒入杯中。

6. 装饰上桃皮即可。

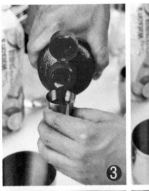

玫瑰刺青

Meigui Ciqing

材料

朗姆酒（白）$\frac{1}{2}$盎司/20毫升

蜜桃利口酒 $\frac{1}{2}$盎司/20毫升

玫瑰糖浆 $\frac{1}{4}$盎司/10毫升

浓缩番石榴汁 $\frac{1}{4}$盎司/10毫升

柠檬汁 $\frac{1}{4}$盎司/10毫升

冰块15块

制作过程

1-4. 把冰块、朗姆酒（白）、蜜桃利口酒、玫瑰糖浆、浓缩番石榴汁和柠檬汁一起摇匀。

5. 把摇匀去冰的酒倒入杯中，放上冰块。

6. 最后装饰上黑布林切片和薄荷叶即可。

117

超级珊瑚

Chaoji Shanhu

材料

金酒 $\frac{1}{2}$ 盎司/20毫升

奇异果利口酒 $\frac{1}{2}$ 盎司/20毫升

葡萄汁 $\frac{1}{2}$ 盎司/20毫升

苏打汽水1盎司/40毫升

蓝橙利口酒15毫升

细砂糖15克

制作过程

1. 将杯口处沾上三分之一的蓝橙利口酒，约一厘米宽。

2. 在沾酒处再粘上细砂糖装饰。

3-5. 把冰块、金酒、奇异果利口酒、葡萄汁和蓝橙利口酒一起放入雪克杯中摇匀。

6. 把摇匀的酒倒入杯中。

7-8. 再倒入苏打汽水，装饰上柠檬片即可。

彩虹
Caihong

难易度
Nan Yi Du
★★★★

材料

石榴糖浆 $\frac{3}{4}$ 盎司/30毫升

薄荷糖浆 $\frac{3}{4}$ 盎司/30毫升

咖啡力娇酒 $\frac{3}{4}$ 盎司/30毫升

香蕉力娇酒 $\frac{3}{4}$ 盎司/30毫升

蓝橙力娇酒 $\frac{3}{4}$ 盎司/30毫升

紫罗兰力娇酒 $\frac{3}{4}$ 盎司/30毫升

白兰地 $\frac{3}{4}$ 盎司/30毫升

制作过程

1. 在杯中倒入石榴糖浆。

2. 使用条形调羹把薄荷糖浆顺着长勺慢慢地流送到杯中，形成分层。

3. 再用同样的方式，按顺序慢慢倒入咖啡力娇酒、香蕉力娇酒、蓝橙力娇酒、紫罗兰力娇酒，形成好看的分层。

4. 最后加入白兰地，每一层的加入都要顺着条形调羹慢慢倒入，手不能抖，这样分层才会好看。

八号当铺

Bahao Dangpu

八号当铺（Eighth Pawnshop），故事开始于一个流传千百年的传说，相传只要找到第八号当铺，无论任何需求，都能够如愿以偿，但必须付出同等值的代价。神没有听见你的愿望吗，你还想要什么，为了满足欲望，你准备付出多少代价。第八号当铺接受任何物品的典当，包括你的灵魂……

材料

冰块10块

橙汁 $1\frac{1}{2}$ 盎司/60毫升

菠萝汁 $1\frac{1}{2}$ 盎司/60毫升

葡萄汁 $1\frac{1}{2}$ 盎司/60毫升

红石榴糖浆 $\frac{1}{2}$ 盎司/20毫升

君度橙酒 $\frac{1}{2}$ 盎司/20毫升

蜜瓜利口酒 $\frac{1}{2}$ 盎司/20毫升

柠檬汁 $\frac{1}{4}$ 盎司/10毫升

制作过程

1. 先在杯中放入冰块。

2-4. 接着将橙汁、凤梨汁、葡萄汁混合拌匀，倒入杯中。

5. 再加入红石榴糖浆。

6-7. 接着加入蜜瓜利口酒、君度橙酒和柠檬汁，最后装饰上薄荷叶即可。

教父

Jiaofu

God-Father，此款鸡尾酒与克鲍拉导演的著名美国黑帮影片《教父》同名。它是以意大利产杏仁甜酒为辅料调和而成。杏仁甜酒的使用决定了此款鸡尾酒的味道。

材料

苏格兰威士忌$1\frac{1}{2}$盎司/60毫升

杏仁力娇酒$\frac{1}{2}$盎司/20毫升

冰块5块

制作过程

1-2. 在杯中加入苏格兰威士忌。

3. 接着倒入杏仁力娇酒。

4. 最后加入冰块调和即可。

深水炸弹鸡尾酒

Shenshuizhadan Jiweijiu

难易度
Nan Yi Du
★★

荷兰杜松子酒是高酒精度数蒸馏酒的统称，几乎都是无色透明的。这款鸡尾酒命名为深水炸弹，是形容其酒劲沉的很深，威力强大。如果像喝啤酒一样喝下去，后劲很大，务必要注意。

材料

杜松子酒1盎司/40毫升

啤酒150毫升

冰块10块

制作过程

1. 将杜松子酒注入杯中。

2. 再添加冰镇啤酒。

3. 最后放上冰块即可。

边车

Bianche

边车（Sidecar Cocktail），这款鸡尾酒是以第一次世界大战时活跃在战场上的军用边斗车命名的。边车本是一种可载人或载物、侧面带有马达的交通工具。专业调酒师在酒吧内一听到边车的声音，就会嘟哝说"是边车吧"。于是他们就将正在调和的鸡尾酒取名为"边车"。

材料

白兰地1盎司/40毫升

柑橘力娇酒1盎司/40毫升

柠檬汁1盎司/40毫升

冰块10块

制作过程

1. 将所有材料倒入雪克杯中摇和。

2. 将摇和好的酒倒入杯中。

3. 最后装饰上蜜橘片和薄荷叶即可。

青草蟒鸡尾酒

Qingcaomeng Jiweijiu

青草蟒就是蚂蚱。此款具有晕色效果的绿色鸡尾酒使人更容易想到草丛中的蚂蚱，难道不想来一杯尝尝？要调出这款酒的颜色，绝对不可缺少的是白色可可甜酒。普通的茶色可可甜酒虽然味道一样，但却调不出这么漂亮的颜色来。家庭中可能很少备有白色可可甜酒，如果确实想自己调和时，推荐去酒吧购买。

材料

绿色薄荷酒1盎司/40毫升

白色可可利口酒1盎司/40毫升

鲜奶油1盎司/40毫升

冰块10块

制作过程

1-4. 将所有材料倒入雪克杯中，剧烈地摇和。

5. 将摇和好的酒，去冰后倒入杯中。

6. 最后装饰上薄荷叶即可。

127

龙舌兰日出

难易度 Nan Yi Du ★★★

Longshelan Richu

　　龙舌兰日出（Tequila Sunrise），此酒与依古路斯所作的乐曲名相同。在酸酒杯的杯底注入少量的石榴糖浆，从侧面看是一款非常漂亮的饮品。但如果盛装在底部宽大的坦布勒杯或葡萄酒杯中的话，则需要大量的石榴糖浆。如果将石榴糖浆慢慢注入杯中，像蒲斯咖啡那样分离颜色，就可调和出具有晕色效果的鸡尾酒来。

材料

龙舌兰酒1盎司/40毫升

橙汁100毫升

石榴糖浆$\frac{1}{2}$盎司/20毫升

冰块10块

制作过程

1. 先将冰块放入杯中。

2. 接着倒入龙舌兰酒。

3. 把橙汁倒入杯中调和。

4. 沿着杯壁慢慢倒入石榴糖浆，使石榴糖浆沉入杯底，最后装饰上薄荷叶即可。

黑色天鹅绒

Heise Tianerong

喝过这种鸡尾酒，你会非常惊讶口味浓厚的啤酒（啤酒最好是黑啤酒）跟清爽的发泡型葡萄酒，竟然这么协调。杯中冉冉上升的细泡宛如丝质天鹅绒般的细腻，是一种口感滑溜顺口且十分美丽的鸡尾酒。

材料

啤酒2盎司/80毫升

起泡葡萄酒2盎司/80毫升

冰块15块

制作过程

1. 在杯中先放入冰块。

2. 再倒入起泡葡萄酒。

3. 再把啤酒倒入酒杯中即可。

斗牛士

Douniushi

斗牛士（Matador），这是一款归为热带鸡尾酒的饮品，被命名为具有硬派形象的"斗牛士"。如果想调和出与其酒名相配的烈性味道来的话，就应该增加龙舌兰酒的分量。原配方采用柠檬片做装饰，如果在家中制作的话，考虑到经济因素，可用莱姆片代替。作为点睛之笔来使用。

材料

龙舌兰酒$\frac{3}{4}$盎司/30毫升　　冰块10块

菠萝汁1盎司/40毫升　　莱姆片1片

莱姆汁$\frac{1}{2}$盎司/20毫升

制作过程

1. 用新鲜莱姆榨汁，备用。

2-4. 把新鲜莱姆汁，龙舌兰酒和菠萝汁一起，倒入雪克杯中摇和。

5. 将摇和好的酒，去冰后倒入杯中。

6. 用莱姆片装饰。

灰姑娘

Huiguniang

灰姑娘（Cinderella Cocktail），是一款无酒精鸡尾酒。灰姑娘从一个普通的女孩变成了王妃，寓意非常美好，所以选用此名来命名这款鸡尾酒。"如果不能饮酒，就不要去参加舞会"，这种观点已经过时了，因为现在已经有很多无酒精鸡尾酒了，灰姑娘是其中最具人气、最令人瞩目的一款。

材料

橙汁1盎司/40毫升

柠檬汁1盎司/40毫升

菠萝汁1盎司/40毫升

冰块10块

制作过程

1-4. 将橙汁、柠檬汁、菠萝汁和一半的冰块，一起放入雪克杯中摇匀。

5. 将摇和好的酒去冰后，倒入杯中，加上剩余的冰块，装饰上莱姆片即可。

猫步

Maobu

难易度
Nan Yi Du
★★

"猫步"是形容那些像猫一样轻轻走路的人。这是一款无酒精鸡尾酒，加入蛋黄的目的，是为了调和出金黄色。无酒精鸡尾酒中最有名的饮品是佛罗里达，最近才开始流行的是灰姑娘。一个人去酒吧，固然可行，但若和朋友一起去，边喝边聊，气氛会更轻松。如果朋友中有一人不饮酒，会使你很劳神，这时不妨点一杯无酒精鸡尾酒。

材料

橙汁 $\frac{3}{4}$ 盎司/30毫升

柠檬汁 $\frac{1}{4}$ 盎司/10毫升

石榴糖浆 $\frac{1}{4}$ 盎司/10毫升

蛋黄1个

冰块10块

制作过程

1-4. 将橙汁、柠檬汁、石榴糖浆、蛋黄和一半的冰块，一起倒入雪克杯中，长时间地摇和。

5. 将摇和好的酒去冰后，倒入杯中。

6. 放上剩余的冰块。

7. 最后装饰上莱姆皮即可。

天蝎宫

Tianxiegong

　　这种鸡尾酒正如其名，是一种非常危险的鸡尾酒。因为它喝起来的口感很好，等到发现不对的时候，已经相当醉了。正确的欧美干杯礼仪是，把酒杯举到眼睛的高度，注视着宴会的主人说干杯，接着与左右的人行注目礼，男性需与右侧的女性碰杯后再喝。

材料

白兰地 $\frac{3}{4}$ 盎司/30毫升

朗姆酒（白）1盎司/40毫升

柠檬汁 $\frac{3}{4}$ 盎司/30毫升

橙汁 $\frac{1}{2}$ 盎司/20毫升

冰块15块

制作过程

1-4. 将白兰地、朗姆酒（白）、柠檬汁、橙汁和三分之一的冰块，依序倒入雪克杯内摇匀。

5. 去冰后，直接倒入杯中。

6. 接着在杯中加入剩余的冰块。

7. 用莱姆片装饰即可。

米字旗
Miziqi

材料

石榴糖浆1盎司/40毫升
樱桃利口酒1盎司/40毫升
白兰地1盎司/40毫升

制作过程

1. 将杯中倒入石榴糖浆。
2. 使用条形调羹把樱桃利口酒顺着长勺慢慢地流送到杯中，形成分层。
3. 再用同样的方式倒入白兰地，形成好看的分层即可。

CHAPTER 3

恋上咖啡

咖啡可以给我们带来的不仅有罗曼蒂克的浪漫，还有不同程度的心情愉悦与美味享受。上午饮上一杯浓绵、香郁的咖啡，能使人注意力更加集中，身体动作变得更为敏捷和活跃，让我们在享受浪漫、美味的同时，深感快乐与幸福。

调味冰咖啡

以爱之名

Yiaizhiming

材料

香草糖浆5毫升	鸡蛋力娇酒10毫升
细砂糖20克	焦糖糖浆10毫升
开心果6颗	意式浓缩咖啡60毫升
桑子果酱10克	冰块15块
淡奶油20毫升	

制作过程

1. 先将开心果去壳，切碎。把细砂糖和切碎的开心果放在一起，拌匀备用。

2. 把杯子边缘处沾上香草糖浆。

3. 再沾上拌匀的开心果和细砂糖。

4. 把桑子果酱用小勺子涂抹在杯中。

5-7. 在雪克杯中放入冰块、意式浓缩咖啡、淡奶油、焦糖糖浆和鸡蛋力娇酒一起摇匀。

8. 把摇匀的咖啡直接倒入杯中，放上一个搅拌棒即可。

香草冰淇淋咖啡

Xiangcaobingqilin Kafei

难易度
Nan Yi Du
★★

材料

意式浓缩咖啡60毫升	香草糖浆30毫升
牛奶40毫升	冰块20块
淡奶油30毫升	香草冰淇淋1个球

制作过程

1-4. 将冰块、意式浓缩咖啡、牛奶、淡奶油、香草糖浆一起放入雪克杯中摇匀。

5. 把摇匀的咖啡连同冰块一起倒入杯中。

6. 用冰淇淋勺挖上一个球放在咖啡的表面，放上一个搅拌棒即可。

榛味巧克力咖啡

Zhenweiqiaokeli Kafei

难易度
Nan Yi Du
★★

材料

榛子巧克力酱15克	鸡蛋力娇酒10毫升
细砂糖3克	淡奶油25毫升
意式浓缩咖啡30毫升	牛奶（冷）100毫升

❶

❷

❸

❹

❺

❻

❼

❽

制作过程

1. 先将细砂糖和意式浓缩咖啡放一起搅拌。

2. 再加入榛子巧克力酱搅拌均匀。

3-4. 把拌匀的榛子巧克力咖啡倒入杯中。

5. 接着将鸡蛋力娇酒倒入淡奶油中拌匀。

6. 把拌匀的淡奶油用长匙慢慢地注入。

7. 接着把冰凉的牛奶顺着长匙慢慢地注入杯中。

8. 在表面装饰上心形棉花糖，放上搅拌棒即可。

接骨木花
风味咖啡

Jiegumuhua Fengwei Kafei

材料

接骨木花糖浆20毫升　　牛奶60毫升

冰块5块　　　　　　　打发淡奶油50克

意式浓缩咖啡30毫升

制作过程

1. 将一半的接骨木花糖浆倒入杯中。

2-4. 再将冰块、意式浓缩咖啡和牛奶一起放入雪克杯中摇匀。

5. 把摇匀的咖啡去冰后，倾斜着杯子，慢慢倒入咖啡，避免和糖浆混合。

6. 把打发好的淡奶油和剩余一半的接骨木花糖浆拌匀。

7. 轻轻地放在咖啡上。

8. 最后装饰上薄荷叶即可。

光阴的故事

Guangyin de Gushi

难易度
Nan Yi Du
★★

材料

意式浓缩咖啡60毫升　　牛奶80毫升

冰块15块　　　　　　　巧克力碎15克

糖浆10毫升

制作过程

1. 将巧克力碎粘在冷却后的杯子边缘。

2-4. 把冰块、意式浓缩咖啡、牛奶和糖浆一起放入雪克杯中。

5. 充分摇晃，直到形成细腻的气泡为止。

6. 去冰后注入杯中。

7. 再用勺子挖上气泡放在表面即可。

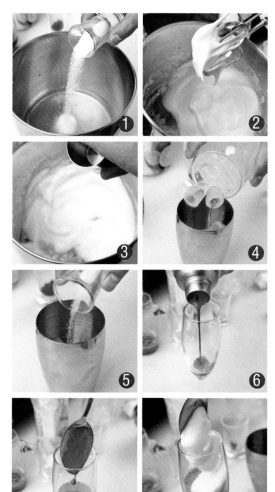

白美人

难易度
Nan Yi Du
★★★

Baimeiren

材料

蛋清1个　　　　　　冰块15块

细砂糖20克　　　　意式浓缩咖啡30毫升

柠檬汁5毫升　　　　可可粉1克

制作过程

1-2. 在蛋清中加入一半的细砂糖后打发。

3. 然后加上柠檬汁拌匀，备用。

4-5. 将冰块、意式浓缩咖啡、可可粉和剩余的细砂糖一起放入雪克杯中，用力地摇晃。

6-7. 摇匀去冰，把发泡的咖啡倒入杯中，并且用汤匙把所有的泡沫都挖到杯中。

8. 在上面放上打发好的蛋清即可。

欢乐

Huanle

难易度
Nan Yi Du
★★★

材料 ••

香草冰淇淋1个球　　　淡奶油20毫升　　　黑巧克力碎30克

细砂糖5克　　　　　　咖啡力娇酒30毫升

意式浓缩咖啡30毫升　冰块30块

制作过程 ••

1-2. 将香草冰淇淋和细砂糖一起放入雪克杯中，稍微搅散。

3-4. 再依次放入意式浓缩咖啡、淡奶油、咖啡力娇酒和一半的冰块，充分摇晃。

5. 在杯中加入剩余的冰块。

6. 再放上三分之二的黑巧克力碎。

7. 把摇匀的咖啡去冰倒入杯中。

8-9. 表面装饰上剩余的巧克力碎和剪碎的棉花糖即可。

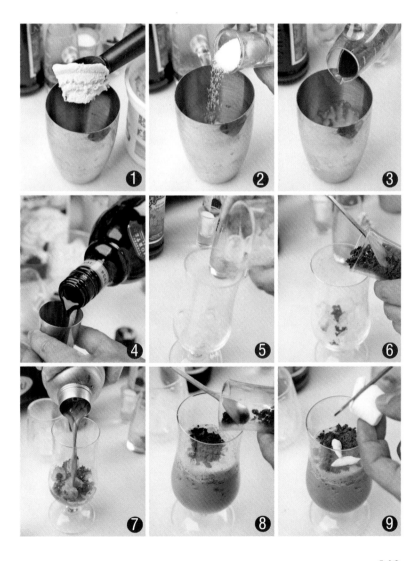

143

阵阵橙香

Zhenzhenchengxiang

材料

意式浓缩咖啡30毫升　黑巧克力酱5克

浓缩橙汁10毫升　　细砂糖5克

淡奶油20毫升　　　冰块10块

制作过程

1-3. 先将黑巧克力酱、细砂糖和意式浓缩咖啡一起搅拌均匀。

4-5. 接着加入冰块、浓缩橙汁和淡奶油，一起在雪克杯中充分地摇晃。

6. 把摇匀的咖啡倒入杯中。

7. 表面装饰上蜜桔即可。

咖啡冰淇淋的碰撞

难易度
Nan Yi Du
★★

Kafei Bingqilin de Pengzhuang

材料

香草冰淇淋 4个球 　　 可可粉2克
意式浓缩咖啡60毫升

制作过程

1-2. 用冰淇淋勺挖上冰淇淋球，叠放在杯中。

3. 接着在冰淇淋球上淋上意式浓缩咖啡。

4. 最后撒上可可粉，装饰上杏仁粒即可。

冰拿铁咖啡

Bing Natie Kafei

材料

冰块15块　　　　　意式浓缩咖啡60毫升

牛奶200毫升

制作过程

1. 先将冰块放入杯中。

2. 接着倒入牛奶。

3. 最后倒入意式浓缩咖啡即可。

草莓风味拿铁咖啡

难易度
Nan Yi Du
★★

Caomei Fengwei Natie Kafei

①
②
③
④

材料

冰块15块　　　　牛奶150毫升
草莓糖浆40毫升　意式浓缩咖啡60毫升

制作过程

1. 将冰块放入杯中。
2. 接着倒入草莓糖浆。
3. 再倒入牛奶。
4. 最后加入意式浓缩咖啡即可。

香蕉泡沫咖啡

Xiangjiao Paomo Kafei

材料

意式浓缩咖啡60毫升　　香蕉糖浆20毫升
冰块20块　　　　　　　可可粉1克

制作过程

1-3. 把冰块、意式浓缩咖啡和香蕉糖浆一起放入
　　　雪克杯中，摇晃约30秒。

4-5. 去冰后，倒入杯中，刮上泡沫。

6. 最后撒上可可粉即可。

布拉格咖啡

Bulage Kafei

难易度
Nan Yi Du
★★★

材料

意式浓缩咖啡60毫升　　香草冰淇淋 1个球

细砂糖5克　　　　　　冰块5块

黑巧克力酱10克

淡奶油（打发）30克

制作过程

1. 在杯中放入黑巧克力酱和细砂糖，拌匀。

2. 慢慢倒入意式浓缩咖啡，拌匀。

3. 接着直接放入冰块。

4. 再放上淡奶油（打发）。

5. 用冰淇淋勺挖上香草冰淇淋在表面。

6. 最后装饰上削好的黑巧克力碎和薄荷叶即可。

黑芝麻咖啡

Heizhima Kafei

材料

意式浓缩咖啡30毫升　　蜂蜜20毫升

牛奶80毫升　　　　　　冰块10块

黑芝麻酱15克

淡奶油（打发）30克

制作过程

1-2. 把黑芝麻酱和蜂蜜在杯中拌匀。

3. 接着加入意式浓缩咖啡拌匀。

4. 再倒入牛奶拌匀。

5. 在杯中直接放上冰块。

6. 挤上淡奶油（打发），最后装饰上薄荷叶，放上搅拌棒即可。

薄荷咖啡

Bohe Kafei

材料

意式浓缩咖啡60毫升　　薄荷利口酒15毫升

冰水100毫升　　　　　　淡奶油30克

冰块20块

制作过程

1. 先在杯中放入冰块。

2. 淋上薄荷利口酒。

3-4. 加入冰水和意式浓缩咖啡。

5. 接着挤上淡奶油（打发）。

6. 最后装饰上薄荷叶，插上搅拌棒即可。

青涩的爱

Qingse de Ai

难易度
Nan Yi Du
★★

材料

意式浓缩咖啡60毫升	冰块10块
白兰地15毫升	莱姆4片
焦糖糖浆15毫升	细砂糖5克

制作过程

1-3. 在意式浓缩咖啡里加入白兰地和焦糖糖浆拌匀，冷却。

4. 用莱姆在杯子的边缘抹一圈。

5. 然后粘上细砂糖。

6. 把冰块和莱姆片放入杯中。

7. 再倒入调好冷却的咖啡即可。

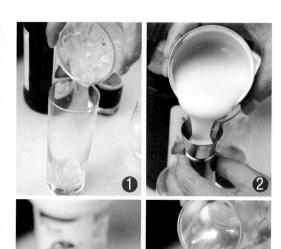

香草焦糖咖啡

Xiangcao Jiaotang Kafei

材料

意式浓缩咖啡50毫升　　焦糖糖浆15毫升

冰水100毫升　　　　　炼乳15毫升

冰块15块　　　　　　　香草冰淇淋 1个球

制作过程

1. 先将冰块放入杯中。

2-3. 加入炼乳和焦糖糖浆。

4-5. 接着倒入冰水和意式浓缩咖啡。

6. 最后放上冰淇淋球，装饰上薄荷叶和搅拌棒即
　　完成。

可乐咖啡

Kele Kafei

材料

意式浓缩咖啡25毫升　　可乐140毫升

冰水45毫升　　　　　　柠檬汁2毫升

冰块10块

制作过程

1-3. 在意式浓缩咖啡中加入冰水和柠檬汁，拌匀。

4. 在杯中放入冰块。

5. 倒入拌匀的咖啡液。

6. 接着再倒入可乐。

7. 表面放上柠檬片，插上搅拌棒即可。

摩卡乔巴

Mokaqiaoba

材料

意式浓缩咖啡30毫升	牛奶50毫升
冰水70毫升	咖啡果冻20克
冰块10块	石榴糖浆10毫升
淡奶油40毫升	可可粉1克

制作过程

1. 在杯中注入石榴糖浆。

2. 再放入冰块。

3. 在可可粉里慢慢地加入牛奶和一半的淡奶油搅拌均匀。

4. 把拌匀的可可奶倒入杯中。

5. 接着把意式浓缩咖啡和冰水拌匀，再倒入杯中。

6. 把剩余的淡奶油打发，挤在咖啡的表面。

7. 放上咖啡果冻。

8. 最后装饰上核桃碎和薄荷叶即可。

椰香咖啡

Yexiang Kafei

材料

意式浓缩咖啡50毫升　　咖啡果冻30克

淡奶油（打发）35克　　冰块10块

椰奶130毫升

制作过程

1. 在杯中放入冰块。

2. 接着倒入咖啡果冻。

3. 把意式浓缩咖啡倒入杯中。

4. 再倒入椰奶。

5. 最后挤上淡奶油（打发）即可。

榛果黑砖块咖啡

Zhenguo Heizhuankuai Kafei

难易度
Nan Yi Du
★★

材料

意式浓缩咖啡30毫升	咖啡果冻30克
榛果糖浆15毫升	淡奶油20毫升
牛奶100毫升	冰块15块

制作过程

1. 把咖啡果冻倒入杯底。

2. 在杯中再放入三分之二的冰块。

3-4. 接着把剩余的冰块、意式浓缩咖啡、榛果糖浆、牛奶和淡奶油一起放入雪克杯中摇晃均匀。

5. 去冰后，倒入杯中，放入搅拌棒即可。

咖啡冻奶

Kafeidongnai

材料

咖啡果冻50克　　　牛奶（冷）200毫升

冰块15块　　　　　咖啡利口酒20毫升

①

②

③

④

制作过程

1. 将咖啡果冻倒入杯中。

2. 再加入冰块。

3-4. 接着倒入牛奶（冷）和咖啡利口酒即可。

咖啡冻草莓优酪乳

Kafeidong Caomei Youlaoru

材料

草莓糖浆20毫升　　　　　咖啡果冻40克

优酪乳（原味）100毫升

冰块15块

制作过程

1. 在杯中倒入咖啡果冻。

2-4. 把冰块、草莓糖浆和优酪乳一起放入雪克杯中摇晃均匀。

5. 摇匀后直接倒入杯中即可。

159

西米椰奶咖啡

Ximi Yenai Kafei

难易度
Nan Yi Du
★★

材料

西米30克	牛奶80毫升
冰块10块	椰奶80毫升
糖浆15毫升	意式浓缩咖啡30毫升

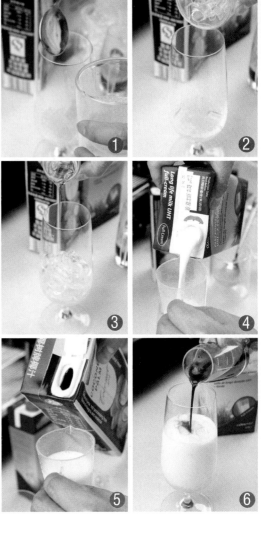

制作过程

1. 在杯中先放入西米。

2. 接着加入冰块。

3. 倒入糖浆。

4-5. 再加入牛奶和椰奶。

6. 最后慢慢倒入意式浓缩咖啡即可。

红豆欧蕾咖啡

Hongdou Oulei Kafei

难易度
Nan Yi Du
★★★

材料

意式浓缩咖啡50毫升　　蜜红豆30克

冰水50毫升　　　　　　牛奶100毫升

冰块10块　　　　　　　淡奶油20克

制作过程

1. 在杯中先放入蜜红豆。

2. 接着加入冰块。

3. 倒入牛奶。

4. 再倒入意式浓缩咖啡和冰水。

5. 在表面挤上淡奶油（打发）。

6. 最后装饰上薄荷叶，放上搅拌棒即可。

焦糖豆浆拿铁
咖啡

难易度
Nan Yi Du
★★★

Jiaotang Doujiang Natie Kafei

材料

意式浓缩咖啡50毫升	焦糖糖浆30毫升
豆浆170毫升	冰块10块

制作过程

1. 把冰块放入到杯中，接着倒入三分之二的焦糖糖浆。

2. 把豆浆倒入钢杯中，用蒸汽打发。

3. 把打发好的豆浆直接倒入杯中。

4. 再注入意式浓缩咖啡。

5. 把豆奶泡用勺挖在杯子表面。

6. 再淋上剩余的焦糖糖浆即可。

①

②

③

④

⑤

⑥

⑦

纳豆冰淇淋咖啡

Nadou Bingqilin Kafei

难易度
Nan Yi Du
★★★

材料

咖啡果冻30克　　　　冰块15块

纳豆60克　　　　　　牛奶60毫升

意式浓缩咖啡30毫升　淡奶油40克

制作过程

1. 先在杯中放入咖啡果冻。

2. 再加入冰块。

3. 放入一半的纳豆。

4. 倒入牛奶。

5. 再慢慢倒入意式浓缩咖啡。

6. 挤上淡奶油（打发）。

7. 放上剩余的纳豆，最后装饰上薄荷叶和搅拌棒
   即可。

抹茶咖啡

Mocha Kafei

材料

意式浓缩咖啡60毫升　　糖浆30毫升
淡奶油（打发）30克　　冰块15块
抹茶粉3克
牛奶180毫升

制作过程

1. 在杯中放入冰块。

2. 将意式浓缩咖啡慢慢倒入抹茶粉中，拌匀。

3. 拌匀后，倒入杯中。

4-5. 加入糖浆和牛奶。

6. 在表面挤上淡奶油（打发），最后撒上少许的
抹茶粉，装饰上薄荷叶就可以了。

榛果豆豆咖啡

Zhenguo Doudou Kafei

难易度
Nan Yi Du
★★

材料

珍珠30克　　　　　　淡奶油30毫升

西米30克　　　　　　牛奶120毫升

意式浓缩咖啡60毫升　冰块15块

榛果糖浆30毫升

制作过程

1. 先在杯中放入珍珠和西米。

2. 接着加入冰块。

3-4. 再倒入淡奶油和牛奶。

5-6. 把榛果糖浆和意式浓缩咖啡拌匀，倒入杯中即完成。

朗姆葡萄咖啡

Langmu Putao Kafei

难易度
Nan Yi Du
★★

材料

意式浓缩咖啡20毫升	牛奶40毫升
糖浆25毫升	冰块5块
朗姆酒10毫升	淡奶油90毫升
葡萄干10克	

制作过程

1. 将葡萄干放入朗姆酒中，腌制一会。

2-4. 把意式浓缩咖啡、冰块、糖浆和牛奶放入雪克杯中摇匀。

5. 摇匀后，倒入杯中。

6. 加入部分腌制的葡萄干。

7. 把淡奶油稍微打发后，将其顺着长匙慢慢倒入杯中。

8. 最后装饰上葡萄干和薄荷叶即可。

提拉米苏咖啡

Tilamisu Kafei

难易度
Nan Yi Du
★★★

材料

奶酪10克　　　　意式浓缩咖啡25毫升

糖浆10毫升　　　百利甜酒10毫升

牛奶180毫升

制作过程

1-2. 在奶酪中慢慢加入百利甜酒和糖浆，搅拌均匀。

3. 把牛奶用蒸汽制作成奶泡。

4-5. 把打发好的牛奶倒入杯中，边加入边拌匀，倒至满杯，把牛奶泡用勺挖在杯子表面。

6. 接着慢慢注入意式浓缩咖啡。

7. 最后撒上可可粉即可。

宁静的夏天

Ningjing de Xiatian

材料

淡奶油80毫升　　　细砂糖10克
薄荷糖浆20克　　　奶酪10克
覆盆子果酱15克　　冰块10块
意式浓缩咖啡50毫升

制作过程

1. 在杯中先放入覆盆子果酱。

2-4. 接着把细砂糖、奶酪和意式浓缩咖啡放入
　　　雪克杯中搅拌均匀。

5. 拌匀后倒入冰块摇晃均匀。

6. 摇匀后去冰，倒入杯中。

7-8. 把淡奶油稍微打发后，加入薄荷糖浆拌匀。

9. 拌匀后，缓缓倒入杯子中。

10. 最后装饰上薄荷叶即可。

奇幻世界

Qihuan Shijie

材料

鸡蛋1个

意式浓缩咖啡50毫升

冰牛奶200毫升

淡奶油60毫升

糖10毫升

盐少量

香草精2滴

制作过程

1-4. 将鸡蛋、意式浓缩咖啡、冰牛奶、淡奶油、糖、盐和香草精一起放入搅拌机中搅拌起泡。

5. 把起泡的咖啡直接倒入杯中。

6. 最后撒上姜粉即可。

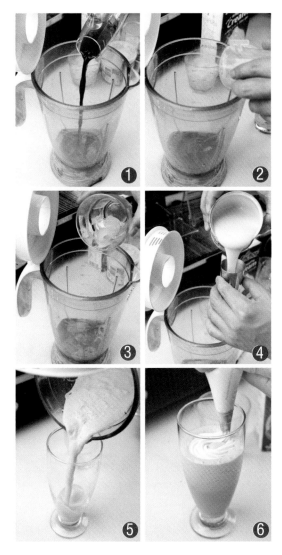

脆弱

难易度 Nan Yi Du ★★★

Cuiruo

材料

意式浓缩咖啡60毫升　　　炼乳30毫升

淡奶油（打发）40克　　　冰水50毫升

香草精2滴

冰块20块

制作过程

1. 在搅拌机中先放入意式浓缩咖啡和冰水。

2-4. 接着倒入香草精、炼乳和冰块，开机搅拌均匀起泡。

5. 拌匀的咖啡直接倒入杯中。

6. 最后挤上打发好的淡奶油即可。

酸奶咖啡

Suannai Kafei

材料

意式浓缩咖啡60毫升　　　糖10克

冰水60毫升　　　　　　　肉桂粉少许

酸奶（原味）120毫升

制作过程

1. 把意式浓缩咖啡直接放入搅拌机中。

2-3. 接着放入冰水、酸奶和糖一起开机搅拌至
起泡。

4. 把起泡的咖啡直接倒入杯中。

5. 表面撒上肉桂粉即可。

巧克力苏打咖啡

Qiaokeli Suda Kafei

难易度
Nan Yi Du
★★★

材料

意式浓缩咖啡60毫升　　苏打汽水120毫升

炼乳30毫升　　　　　　巧克力冰淇淋2个球

淡奶油30毫升

制作过程

1-3. 将意式浓缩咖啡和炼乳一起放入杯中，搅拌均匀。

4-6. 接着加入淡奶油和1个巧克力冰淇淋拌匀。

7. 再放入另一个冰淇淋球，倒入苏打汽水。

8. 表面放上黑巧克力屑即可。

逆世界

Nishijie

材料

意式浓缩咖啡60毫升　　　淡奶油25毫升　　　咖啡冰淇淋2个球

白兰地40毫升　　　　　　细砂糖10克

咖啡力娇酒25毫升　　　　冰块15块

制作过程

1. 将冰块和意式浓缩咖啡一起放入搅拌机中。

2-5. 接着加入白兰地、咖啡力娇酒、淡奶油和细砂糖，开机搅拌起泡。

6-7. 直接倒入杯中，挖上咖啡冰淇淋。

8-9. 最后装饰上黑巧克力碎和薄荷叶即完成。

猜不透

Caibutou

难易度
Nan Yi Du
★★★

材料

红葡萄酒50毫升　　　细砂糖10克　　　冰块15块

蓝橙利口酒40毫升　　鸡蛋2个

意式浓缩咖啡25毫升　炼乳20毫升

制作过程

1-2. 在雪克杯中先放入细砂糖和意式浓缩咖啡拌匀。

3-4. 接着加入红葡萄酒和蓝橙利口酒。

5-6. 放入鸡蛋、炼乳和冰块，一起摇匀，要摇30秒。

7-9. 摇匀后，倒入杯中，装饰上黑巧克力屑和橙皮丝即完成。

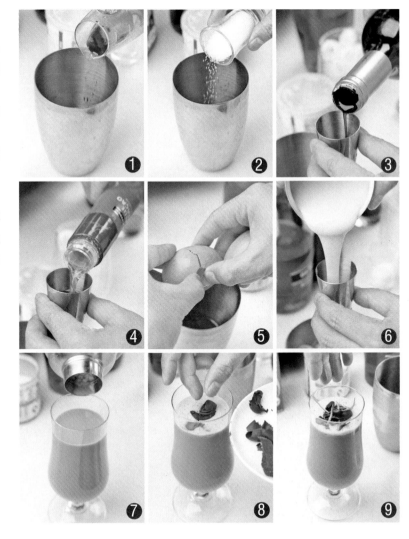

南海姑娘

Naihai Guniang

材料

冰块15块　　　　　　　椰奶60毫升

意式浓缩咖啡60毫升　　龙舌兰酒25毫升

淡奶油（打发）40克　　香草糖浆20毫升

椰子利口酒25毫升

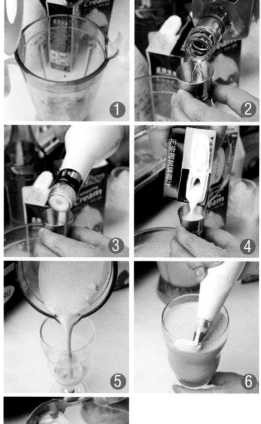

制作过程

1. 在搅拌机中放入冰块和意式浓缩咖啡。

2-4. 接着加入龙舌兰酒、椰子利口酒、香草糖浆和椰奶，开机搅拌均匀。

5. 拌匀起泡的咖啡直接倒入杯中。

6-7. 再挤上淡奶油（打发），撒上白巧克力碎和薄荷叶即可。

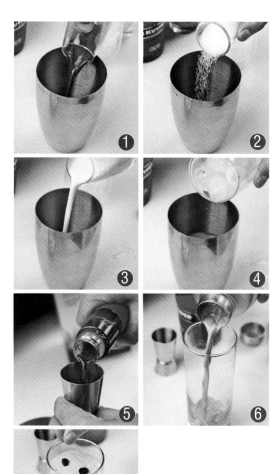

红橙酒味咖啡

Hongcheng Jiuwei Kafei

难易度
Nan Yi Du
★★

材料

意式浓缩咖啡30毫升　　细砂糖10克

牛奶120毫升　　　　　红橙力娇酒60毫升

冰块10块

制作过程

1-2. 先将意式浓缩咖啡和细砂糖一起放入雪克杯中拌匀。

3-5. 接着倒入牛奶、冰块和红橙力娇酒，一起摇晃均匀。

6. 去冰后，直接倒入杯中。

7. 最后装饰上咖啡豆即可。

非洲咖啡

Feizhou Kafei

难易度
Nan Yi Du
★★

材料

意式浓缩咖啡30毫升　　可可力娇酒20毫升
冰水60毫升　　　　　　巧克力糖浆15毫升
炼乳20毫升　　　　　　冰块15块

❶ ❷ ❸ ❹ ❺ ❻

制作过程

1. 在雪克杯中放入冰块和意式浓缩咖啡。

2-4. 接着加入冰水、炼乳、可可力娇酒和巧克力糖浆一起摇晃均匀。

5-6. 摇晃均匀后倒入杯中，表面装饰上巧克力屑即完成。

180

新鲜柠檬咖啡

Xinxian Ningmeng Kafei

难易度
Nan Yi Du
★★★

材料

意式浓缩咖啡20毫升　　冰块15块

冰水90毫升　　　　　　柠檬 1个

糖水20毫升

制作过程

1-2. 把柠檬去皮，切成片。

3. 把冰块放入杯中。

4. 接着摆上切片的柠檬。

5. 倒入咖啡。

6. 再倒入糖水和冰水。

7. 最后装饰上柠檬丝即可。

兴奋咖啡

Xingfen Kafei

材料

意式浓缩咖啡25毫升　　橙汁30毫升

细砂糖10克　　　　　　白兰地5毫升

冰水100毫升　　　　　　朗姆酒（黑）5毫升

制作过程

1. 将细砂糖倒入杯中。

2-3. 倒入意式浓缩咖啡，搅拌均匀。

4-5. 接着倒入橙汁、白兰地和朗姆酒。

6. 最后倒入冰水。

7. 在杯中放入橙片即可。

杏仁咖啡 （难易度 Nan Yi Du ★★）

Xingren Kafei

材料

意式浓缩咖啡40毫升　　杏仁露20毫升
温水120毫升　　　　　杏仁片10克

制作过程

1. 将意式浓缩咖啡倒入杯中。

2. 接着倒入温水。

3. 再加入杏仁露。

4. 表面装饰上杏仁片即可。

猎艳咖啡

Lieyan Kafei

材料

意式浓缩咖啡25毫升　　热水120毫升

细砂糖10克　　　　　　黄油15克

朗姆酒20毫升

制作过程

1. 在杯中放入细砂糖。

2-3. 接着倒入意式浓缩咖啡，搅拌到糖融化。

4. 再加入朗姆酒。

5. 倒入热水。

6. 最后在表面放上一块黄油即可。

漂浮咖啡

Piaofu Kafei

材料

••••••••••

芒果布丁 1个　　　　　细砂糖10毫升

牛奶20毫升　　　　　香草冰淇淋 1个球

意式浓缩咖啡20毫升

制作过程
••

1. 把细砂糖和意式浓缩咖啡放在一起，搅拌均匀。

2-3. 把牛奶倒入咖啡里拌匀。

4. 把芒果布丁放入杯中。

5. 倒入调匀的咖啡。

6. 最后放上一个香草冰淇淋球，装饰上薄荷叶即
　　完成。

无与伦比的美丽

Wuyulunbi de Meili

材料

意式浓缩咖啡30毫升　　白兰地20毫升

细砂糖10克　　　　　　橙汁30毫升

冰水60毫升　　　　　　桃汁30毫升

冰块15块

制作过程

1. 把意式浓缩咖啡和细砂糖放到一起拌匀。

2. 在杯中放入冰块。

3-4. 接着依序倒入白兰地、橙汁和桃汁。

5-6. 再把咖啡及冰水倒入。

7. 最后装饰上莱姆片即可。

芒果咖啡冰沙

Mangguo Kafei Bingsha

材料

浓缩芒果汁40毫升　　意式浓缩咖啡30毫升

沙冰粉5克　　　　　　碎冰200克

糖浆30毫升

制作过程

1-4. 把浓缩芒果汁、意式浓缩咖啡、沙冰粉和碎冰一起放入沙冰机，开机拌匀。

5. 把拌匀的冰沙倒入杯中，放上吸管即可。

南洋风情
咖啡冰沙

难易度
Nan Yi Du
★★

Nanyang Fengqing Kafei Bingsha

材料

浓缩芒果汁20毫升　　沙冰粉5克

浓缩菠萝汁20毫升　　碎冰200克

糖浆20毫升　　　　　意式浓缩咖啡30毫升

浓缩百香果汁20毫升

❶ ❷ ❸ ❹

❺ ❻

❼

制作过程

1-2. 把浓缩芒果汁、浓缩百香果汁和浓缩菠萝汁
一起倒入沙冰机中。

3-4. 接着再加入糖水、沙冰粉和碎冰，开机搅拌
均匀。

5. 把意式浓缩咖啡倒入杯中。

6. 把拌匀的冰沙倒入杯中。

7. 最后装饰薄荷叶和吸管即可。

红豆牛奶咖啡冰沙

Hongdouniunai Kafei Bingsha

材料

炼乳30毫升　　　　意式浓缩咖啡30毫升

三花淡奶20毫升　　纳豆80克

糖浆20毫升　　　　碎冰200克

沙冰粉5克

制作过程

1-2. 把炼乳、三花淡奶、糖水和意式浓缩咖啡放入沙冰机中。

3-4. 再放入沙冰粉、纳豆和碎冰，开机搅拌均匀。

5. 将冰沙直接倒入杯中。

6. 最后装饰上薄荷叶和吸管即可。

巧克力碎片
咖啡冰沙

Qiaokelisuipian Kafei Bingsha

材料

意式浓缩咖啡30毫升　　黑巧克力碎40克

巧克力糖浆30毫升　　碎冰200克

沙冰粉5克

制作过程

1-2. 在沙冰机中先加入巧克力糖浆、黑巧克力碎
　　　和沙冰粉。

3-4. 接着再放入碎冰和意式浓缩咖啡，开机搅拌
　　　均匀。

5. 拌匀的冰沙倒入杯中。

6. 装饰上薄荷叶和搅拌勺即可。

柠檬咖啡冰沙

Ningmeng Kafei Bingsha

难易度
Nan Yi Du
★★★

材料

浓缩柠檬汁40毫升　　　　沙冰粉5克

糖浆30毫升　　　　　　　碎冰200克

意式浓缩咖啡30毫升

制作过程

1-4. 把所有材料一起放入沙冰机中，开机搅拌
均匀。

5. 拌匀后，倒入杯中。

6. 最后装饰上莱姆片即可。

奥利奥咖啡
冰沙

Aoliao Kafei Bingsha

材料

意式浓缩咖啡30毫升　　奥利奥饼干3片

焦糖糖浆30毫升　　　　碎冰200克

沙冰粉5克

制作过程

1-3. 在沙冰机中放入意式浓缩咖啡、焦糖糖浆和沙冰粉。

4-5. 接着再加入掰碎的两片奥利奥饼干和碎冰，开机搅拌均匀。

6. 拌匀后，倒入杯中。

7. 表面挤上打发好的淡奶油。

8. 最后装饰上1片奥利奥饼干和薄荷叶即可。

榛果卡布奇诺
冰沙

Zhenguo Kabuqinuo Bingsha

材料

榛果糖浆20毫升	沙冰粉5克
淡奶油（打发）30克	碎冰200克
炼乳20毫升	糖浆20毫升
意式浓缩咖啡30毫升	

制作过程

1-3. 把榛果糖浆、炼乳、糖浆和意式浓缩咖啡一
起放入沙冰机中。

4-5. 接着加入沙冰粉和碎冰，开机搅拌均匀。

6. 把搅匀的冰沙倒入杯中。

7-8. 再挤上淡奶油（打发），装饰上薄荷叶即
完成。

花生咖啡冰沙

Huasheng Kafei Bingsha

难易度
Nan Yi Du
★ ★ ★

材料

花生酱60克　　　　沙冰粉5克

意式浓缩咖啡30毫升　碎冰200克

糖浆30毫升

制作过程

1-2. 把意式浓缩咖啡、糖水倒入沙冰机中。

3-5. 接着放入花生酱、沙冰粉和碎冰，开机搅拌
均匀。

6. 把搅拌均匀的冰沙直接倒入杯中。

7-8. 最后装饰上花生碎和搅拌棒即可。

草莓优酪乳咖啡冰沙

难易度
Nan Yi Du
★★★

Caomei Youlaoru Kafei Bingsha

材料

浓缩草莓汁40毫升	优酪乳60毫升
糖浆20毫升	碎冰250克
意式浓缩咖啡20毫升	沙冰粉5克

制作过程

1-2. 将浓缩草莓汁、意式浓缩咖啡和糖水倒入沙冰机中。

3-4. 再加入优酪乳、碎冰和沙冰粉，开机搅拌。

5. 搅拌均匀后，倒入杯中。

6. 表面装饰上苹果切块，放上吸管即可。

香草拿铁冰沙

Xiangcao Natie Bingsha

难易度
Nan Yi Du
★★★

材料

意式浓缩咖啡60毫升　　沙冰粉5克

香草糖浆50毫升　　　　碎冰200克

制作过程

1-2. 在沙冰机中放入意式浓缩咖啡和香草糖浆。

3-4. 接着再加入沙冰粉和碎冰，开机搅拌。

5. 拌匀后，倒入杯中。

6. 最后表面装饰上棉花糖、薄荷叶和巧克力棒即可。

意式浓缩
巧克力冰沙

难易度
Nan Yi Du
★★★

Yishi Nongsuo Qiaokeli Bingsha

材料

糖浆20毫升　　　　　沙冰粉5克

意式浓缩咖啡60毫升　碎冰200克

巧克力冰淇淋 2个球

制作过程

1-3. 在沙冰机中放上糖浆、意式浓缩咖啡和巧克力冰淇淋。

4-5. 接着放入沙冰粉和碎冰，开机搅拌。

6. 搅拌均匀后，倒入杯中。

7. 最后装饰上巧克力夹心卷即可。

焦糖玛奇朵
咖啡冰沙

Jiaotang Maqiduo Kafei Bingsha

材料

意式浓缩咖啡30毫升　　碎冰200克

焦糖糖浆30毫升　　　　淡奶油(打发)适量

沙冰粉5克

制作过程

1-2. 把意式浓缩咖啡和焦糖糖浆一起放入沙冰机中。

3-4. 接着再加入沙冰粉和碎冰，开机拌匀。

5. 拌匀后，倒入杯中。

6. 再挤上淡奶油（打发）。

7. 淋上少许的焦糖糖浆，放上小熊棉花糖和搅拌棒即可。

焦糖果冻咖啡冰沙

难易度
Nan Yi Du
★★★

Jiaotang Guodong Kafei Bingsha

材料

意式浓缩咖啡30毫升　　咖啡果冻30克

淡奶油（打发）30克　　碎冰150克

焦糖糖浆30毫升　　　　沙冰粉3克

糖浆10毫升

制作过程

1. 先将三分之二的咖啡果冻放入杯中。

2-4. 把意式浓缩咖啡、焦糖糖浆、沙冰粉和碎冰
一起放入沙冰机中，搅拌均匀。

5. 把拌匀的冰沙倒入装上咖啡果冻的杯子中。

6. 上面挤上淡奶油（打发）。

7. 放上剩余的咖啡果冻即可。

百搭美味冰沙

Baida Meiwei Bingsha

材料

意式浓缩咖啡30毫升	草莓糖浆30毫升
草莓冰淇淋1个球	焦糖糖浆30毫升
牛奶30毫升	碎冰200克
淡奶油40毫升	香蕉半根

制作过程

1-2. 把意式浓缩咖啡、牛奶和淡奶油放入沙冰机中。

3-4. 接着再放入草莓糖浆、焦糖糖浆和碎冰，开机搅拌均匀。

5-6. 香蕉切片，在杯底先放入一半的香蕉片，再倒入冰沙。

7-8. 挖上草莓冰淇淋球后，挤上淡奶油（打发）。

9. 在表面装饰上剩余的香蕉片和巧克力夹心棒。

10. 最后挤上巧克力酱即可。

咖啡冰糕

Kafei Binggao

材料

意式浓缩咖啡60毫升　　　水250毫升

细砂糖90克　　　　　　　三花淡奶20毫升

制作过程

1-2. 把意式浓缩咖啡倒入细砂糖中，拌匀至砂糖融化。

3-4. 冷却后倒入冰冻容器中，再倒入水搅拌均匀。

5-6. 再加入三花淡奶拌匀，直接放入冰箱冷冻室冻成冰。

7-8. 把结冰的咖啡取出，用勺子刮出冰渣，装入杯中。

9. 表面装饰上橙皮和薄荷叶即可。

咖啡薄荷柠檬冰

难易度
Nan Yi Du
★★★

Kafei Bohe Ningmengbing

材料

细砂糖60克	新鲜薄荷叶8克	柠檬3个
水200毫升	咖啡力娇酒30毫升	蛋清1个

制作过程

1-2. 把水和细砂糖加入锅中，缓慢加热至糖化，偶尔搅拌一下，煮沸5分钟后停火。

3. 停火后，加入洗净的薄荷叶搅拌，放置一旁冷却。

4. 过滤掉薄荷叶后，加入咖啡力娇酒搅拌。

5. 把每个柠檬的底部切下一个薄片，以便柠檬可以直立摆放。

6. 接着再切开柠檬的顶部，作为盖子备用。

7. 把切开的柠檬果肉挖出榨汁。

8. 将柠檬汁过滤后，加入到步骤4中拌匀。

9. 拌匀后放入冰箱冷冻。

10. 把冻好的冰取出，与打发好的蛋清混合拌匀。

11. 用勺子舀放入杯中（放入之前准备的柠檬壳也可）。

12. 最后装饰上青柠丝即可。

凤梨咖啡

Fengli Kafei

材料

意式浓缩咖啡30毫升　　冰块5块
冰水120毫升　　　　　糖水20毫升
咖啡力娇酒20毫升　　　新鲜凤梨块80克
菠萝汁50毫升

制作过程

1. 在杯中倒入冰水和意式浓缩咖啡。

2-4. 接着再倒入糖水、菠萝汁和咖啡力娇酒。

5. 放入冰块和新鲜凤梨块。

6. 杯口装饰上凤梨块即可。

可乐苏打咖啡

Kele Suda Kafei

难易度
Nan Yi Du
★★★

材料

意式浓缩咖啡30毫升　　可乐150毫升

糖水30毫升　　　　　　冰块5块

巧克力冰淇淋 1个球

制作过程

1-2. 在杯中先放入冰块和巧克力冰淇淋。

3-4. 再倒入糖水和意式浓缩咖啡。

5. 最后倒入可乐，放上吸管即可。

酸奶奥利奥咖啡冰沙

Suannai Aoliao Kafei Bingsha

材料

酸奶100毫升	沙冰粉5克
意式浓缩咖啡30毫升	碎冰200克
糖浆30毫升	奥利奥饼干5片

制作过程

1-2. 把酸奶、意式浓缩咖啡和糖浆放入沙冰机中。

3-4. 接着加入沙冰粉和碎冰，开机搅拌均匀。

5. 把拌匀的冰沙倒入杯中。

6. 把奥利奥饼干掰碎，放入杯中，最后装饰上薄荷叶即可。

朱古力奶油咖啡

Zhuguli Naiyou Kafei

材料

意式浓缩咖啡40毫升　　冰块5块

淡奶油（打发）40克　　朱古力糖浆10毫升

糖水20毫升　　　　　　牛奶50毫升

咖啡果冻50克

制作过程

1-2. 在杯中先放入咖啡果冻和冰块。

3. 接着倒入牛奶。

4. 再倒入意式浓缩咖啡和糖水。

5. 挤上淡奶油（打发）。

6-7. 最后挤上朱古力糖浆，撒上糖珠即可。

朗姆凤梨咖啡

Langmu Fengli Kafei

材料

意式浓缩咖啡40毫升	黑朗姆酒20毫升
糖水30毫升	冰块10块
冰水50毫升	凤梨块50克

制作过程

1. 在杯中放入冰块。

2-3. 倒上意式浓缩咖啡、冰水和糖水。

4. 接着再倒入朗姆酒（黑）。

5. 最后放入凤梨块即可。

豪华宾治咖啡

Haohua Binzhi Kafei

材料

意式浓缩咖啡30毫升　　白兰地20毫升

糖水30毫升　　　　　　冰块10块

冰水40毫升　　　　　　香槟酒100毫升

制作过程

1. 把冰块放入杯中。

2-3. 倒入意式浓缩咖啡、糖水和冰水。

4-5. 接着再倒入白兰地，拌匀。

6. 最后注入香槟酒即可。

美式柠檬
黑咖啡

美式柠檬
黑咖啡

Meishi Ningmeng Heikafei

材料

意式浓缩咖啡40毫升	柠檬汁10毫升
冰水60毫升	苏打汽水80毫升
糖水20毫升	冰块10块

制作过程

1. 把意式浓缩咖啡、冰水和糖水搅拌均匀。

2. 在杯中先放入冰块。

3. 接着倒入咖啡。

4. 再倒入柠檬汁。

5. 最后倒入苏打汽水，装饰上柠檬片即可。

212

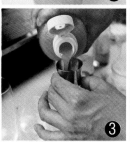

鲜橙咖啡

难易度
Nan Yi Du
★★★

Xiancheng Kafei

材料

意式浓缩咖啡30毫升	冰块10块
糖水30毫升	牛奶50毫升
冰水40毫升	浓缩橙汁40毫升

制作过程

1-4. 把所有材料放入雪克杯中。

5. 充分地摇匀。

6. 直接倒入杯中。

7. 装饰上橙片或蜜桔片即可。

朱古力淡奶咖啡

Zhuguli Dannai Kafei

难易度
Nan Yi Du
★★★

材料

意式浓缩咖啡30毫升　　朱古力糖浆60毫升

糖水20毫升　　　　　　三花淡奶40毫升

冰水50毫升　　　　　　冰块15块

①

②

③

④

⑤

⑥

制作过程

1-3. 把所有材料放入雪克杯中。

4. 充分地摇匀。

5. 去冰后直接倒入杯中。

6. 装饰上糖珠即可。

芒果牛奶咖啡

Mangguo Niunai Kafei

难易度
Nan Yi Du
★ ★ ★

材料

意式浓缩咖啡30毫升　　芒果 1/2个

牛奶150毫升　　　　　冰块10块

炼乳40毫升

制作过程

1. 把芒果去皮，切成小丁。

2. 直接放入杯中。

3. 接着放入冰块。

4-6. 把意式浓缩咖啡和炼乳拌匀，倒入杯中。

7-8. 再倒入牛奶，表面放上芒果和吸管装饰即可。

哈密瓜雪顶咖啡

Hamigua Xueding Kafei

材料

哈密瓜300克　　　柠檬汁10毫升　　　意式浓缩咖啡30毫升　　炼乳30毫升

糖水20毫升　　　咖啡力娇酒20毫升　冰块10块　　　　　三花淡奶20毫升

制作过程

1. 把哈密瓜去皮，切块，装入盘中。

2. 在表面淋上咖啡力娇酒。

3-6. 把糖水、意式浓缩咖啡、炼乳和三花淡奶拌匀，淋在水果上。

7. 再摆放上冰块。

8-9. 最后淋上柠檬汁，装饰上莱姆丝即完成。

香甜咖啡水果沙拉

Xiangtian Kafei Shuiguo Shala

难易度
Nan Yi Du
★★★

材料

细砂糖130克	水150毫升	凤梨 1/4个	木瓜 1/2个
橙子 1个	咖啡力娇酒60毫升	芒果 1个	浓缩百香果汁 50毫升

制作过程

1. 把橙子去皮，橙皮洗净备用。

2. 将橙子的果肉榨成汁，备用。

3-4. 将细砂糖、水和橙皮一起放入锅中，加热至糖化。

5. 煮沸五分钟后停火，冷却后去掉橙皮。

6-7. 加入橙汁和咖啡力娇酒搅拌均匀，即为咖啡果橙汁备用。

8-9. 把凤梨去皮，去掉中间较硬的部分，切成小块，放入碗中。

10. 把木瓜对半切开，挖出籽，去皮切片。

11. 沿着芒果核的周边，把芒果纵着切开后，去皮把果肉放到碗里。

12-13. 把浓缩百香果汁倒入水果中，拌匀，放入冰箱冷藏。

14. 最后把凉凉的水果装入碗中，表面淋上咖啡果橙汁。

15. 装饰上莱姆丝即可。

夹心蛋卷咖啡

Jiaxin Danjuan Kafei

难易度
Nan Yi Du
★★

材料

夹心蛋卷18根	意式浓缩咖啡20毫升
咖啡果冻40克	炼乳20毫升
冰块5块	三花淡奶10毫升

制作过程

1. 在杯中放入咖啡果冻和冰块。

2. 把夹心蛋卷随意地放入杯中。

3-4. 把意式浓缩咖啡、炼乳和三花淡奶拌匀。

5-6. 倒入杯中，撒上杏仁片即可。

冲绳红糖
冰咖啡

难易度
Nan Yi Du
★★★

Chongsheng Hongtang Bingkafei

材料

浓缩咖啡30克

红糖30克

冰牛奶150毫升

冰块适量

发泡鲜奶油适量

制作过程

1. 将冰牛奶、红糖放入钢杯中，用咖啡机蒸汽管
　　加热至40℃，然后隔冰块冷却。

2. 玻璃杯中装入五成满的冰块，再将钢杯中的红
　　糖鲜奶倒入。

3. 缓缓注入浓缩咖啡，以制造出分层效果。

4. 在咖啡表面挤上发泡鲜奶油。

5. 最后撒上少许红糖装饰即可。

绿薄荷咖啡

Lübohe Kafei

材料

无糖冰咖啡120毫升

牛奶60毫升

糖浆15毫升

冰块适量

薄荷糖浆20克

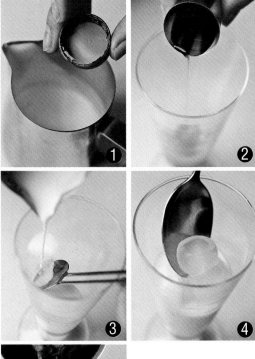

制作过程

1. 将牛奶和糖浆搅拌均匀，备用。

2. 将薄荷糖浆倒入玻璃杯中。

3. 将调好的牛奶缓缓倒入玻璃杯中。

4. 放入冰块至杯中六成满。

5. 轻缓地倒入无糖冰咖啡即可。

酸奶冰咖啡

Suannai Bingkafei

材料

浓缩咖啡40克　　　冰牛奶60克

焦糖糖浆20克　　　可可粉适量

热水40克　　　　　薄荷叶一小撮

酸奶果冻40克

冰块适量

制作过程

1. 将浓缩咖啡、热水和焦糖糖浆搅拌均匀，隔冰水降温，备用。

2. 在玻璃杯中放入酸奶果冻。

3. 再加入冰块，至玻璃杯六成满。

4. 将冷却的咖啡液缓缓地倒入玻璃杯中。

5. 将冰牛奶倒入钢杯中，用咖啡机蒸汽管打发成奶泡，用勺子将奶泡放于咖啡表面。

6. 在奶泡表面的一半处筛上可可粉。

7. 最后装饰上薄荷叶即可。

薄荷咖啡

难易度
Nan Yi Du
★★

Bohe Kafei

材料

薄荷利口酒15毫升　　　　牛奶100毫升

意式浓缩咖啡（冷）20毫升

可可粉5克

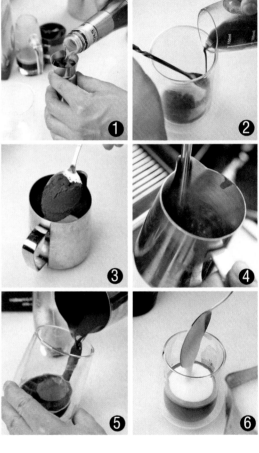

①②③④⑤⑥

制作过程

1. 先将薄荷利口酒倒入杯中。

2. 接着用汤匙辅助，慢慢注入意式浓缩咖啡（冷的）。

3. 把一半牛奶和可可粉倒入钢杯中。

4. 用蒸汽加热至可可粉和牛奶融合在一起。

5. 把可可牛奶也慢慢注入杯中。

6. 最后把剩余的牛奶打发成奶泡，把奶泡倒入杯中即可。

蓝色沙漠

Lanse Shamo

材料

蓝橙利口酒5毫升

细砂糖10克

咖啡奶油利口酒5毫升

意式浓缩咖啡20毫升

牛奶20毫升

制作过程

1. 把杯口的边缘处沾上蓝橙利口酒，可以高低不一样。

2. 再沾上细砂糖。

3. 把咖啡奶油利口酒倒入杯中。

4. 接着倒入意式浓缩咖啡。

5. 把牛奶打发成奶泡后，用勺子挖上细腻的奶泡放在咖啡的表面即可。

225

栗子巧克力
咖啡

难易度
Nan Yi Du
★ ★ ★

Lizi Qiaokeli Kafei

材料

巧克力糖浆5毫升 　　牛奶90毫升

栗子泥15克 　　　　意式浓缩咖啡20毫升

炼乳10克

制作过程

1-2. 将巧克力糖浆和栗子泥一起充分搅拌，混合
　　　均匀，倒入杯中。

3. 再放入炼乳。

4. 把牛奶倒入拉花杯中，用蒸汽打奶泡。

5. 把打好的奶泡用勺子挖到杯中，倒入时要缓
　　慢些。

6. 接着把意式浓缩咖啡缓缓地注入杯中。

7. 表面撒上可可粉，挤上炼乳即可。

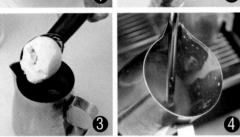

牛奶冰淇淋咖啡

Niunai Bingqilin Kafei

难易度
Nan Yi Du
★★★

材料

黑巧克力40克　　　　意式浓缩咖啡25毫升
牛奶（热）40毫升　　淡奶油（打发）30克
香草冰淇淋1个球

制作过程

1-2. 将黑巧克力和牛奶（热）放一起，搅拌至巧
克力融化，倒入杯中。

3-4. 把香草冰淇淋放到钢杯中，用勺子压开，搅
拌润滑后，用蒸汽加热一下。

5. 把加热好的冰淇淋顺着勺子缓缓倒入杯中。

6. 接着再缓缓地倒入意式浓缩咖啡。

7. 最后挤上淡奶油（打发）。

8. 装饰上威化饼和薄荷叶即可。

玫瑰风味咖啡

Meiguifengwei Kafei

材料

玫瑰糖浆10毫升　　　　牛奶170毫升

意式浓缩咖啡25毫升

制作过程

1. 将玫瑰糖浆倒入杯中。

2. 再加入意式浓缩咖啡。

3-4. 把牛奶倒入钢杯中，用蒸汽打发成奶泡。把
　　　打发好的奶泡倒入杯中。

5. 表面装饰上心形棉花糖即可。

漩涡中的甜蜜

Xuanwozhongde Tianmi

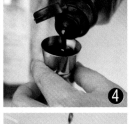

材料

巧克力酱15毫升	淡奶油50毫升
细砂糖2克	香草糖浆5毫升
意式浓缩咖啡50毫升	桑子果酱5克

制作过程

1. 在杯中的边缘沾上桑子果酱。

2. 再沾上细砂糖（配方外）。

3-5. 把巧克力酱、细砂糖和意式浓缩咖啡一起搅
拌至糖化后，倒入杯中。

6-7. 接着把淡奶油和香草糖浆一起搅拌均匀，倒
入杯中，用小勺在表面搅起漩涡即可。

甜蜜草莓咖啡

Tianmi Caomei Kafei

难易度
Nan Yi Du
★★★

① ② ③ ④ ⑤

材料

牛奶200毫升　　　　意式浓缩咖啡30毫升

草莓糖浆15毫升

制作过程

1-2. 将牛奶和草莓糖浆一起倒入钢杯中，用蒸汽
制作成奶泡。

3. 把奶泡倒入杯中。

4. 再从中央处倒入意式浓缩咖啡。

5. 最后在表面滴上草莓糖浆装饰即可。

云端的咖啡

Yunduande Kafei

材料

意式浓缩咖啡25毫升	咖啡力娇酒5毫升
桑子果酱10克	牛奶80毫升
黑巧克力酱5克	冰块15块
淡奶油10毫升	

制作过程

1. 先将桑子果酱倒入杯底。

2. 在意式浓缩咖啡中，加入黑巧克力酱、淡奶油和咖啡力娇酒充分搅拌。

3. 把拌匀的巧克力咖啡酱倒入装有冰块的雪克杯中，摇晃均匀。

4. 把摇匀的咖啡去冰，缓缓地倒入杯中。

5. 把牛奶用蒸汽制作成奶泡。

6. 用勺子挖上奶泡，放至咖啡表面至杯子八分满，装饰上威化饼即可。

蜂蜜层次咖啡

Fengmi Cengci Kafei

材料

蜂蜜15毫升

牛奶120毫升

意式浓缩咖啡40毫升

制作过程

1. 将蜂蜜倒入杯中。

2. 接着把牛奶倒入钢杯中，用蒸汽打发成为奶泡。

3. 把打好的奶泡慢慢地注入杯中。

4. 让其沉淀一分钟后，再慢慢地加入意式浓缩咖啡，形成好看的层次。

恋旧

Lianjiu

材料

意式浓缩咖啡30毫升　　巧克力糖浆20毫升

温热水100毫升　　　　淡奶油30克

可可利口酒10毫升　　　黑巧克力碎10克

制作过程

1. 先将可可利口酒和巧克力糖浆放入杯中拌匀。

2-3. 接着加入意式浓缩咖啡和温热水拌匀。

4. 把淡奶油（打发）轻轻地放在咖啡表面。

5. 最后撒上黑巧克力碎即可。

水果狂欢

Shuiguo Kuanghuan

材料

浓缩百香果汁3毫升　糖水5毫升

浓缩橙汁3毫升　　　黑巧克力碎5克

浓缩番石榴汁3毫升　牛奶80毫升

浓缩芒果汁3毫升　　意式浓缩咖啡25毫升

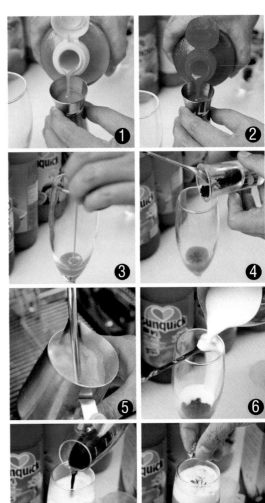

制作过程

1-3. 先将糖水、浓缩百香果汁、浓缩橙汁、浓缩番石榴汁和浓缩芒果汁一起拌匀放到杯中。

4. 接着加入黑巧克力碎。

5. 将牛奶倒入钢杯中，用蒸汽制成奶泡。

6. 把奶泡缓缓地倒入杯中。

7. 倒入意式浓缩咖啡。

8. 表面装饰上杏仁碎和薄荷叶即可。

豆浆咖啡

难易度
Nan Yi Du
★★★

Doujiang Kafei

材料

意式浓缩咖啡25毫升

豆浆150毫升

制作过程

1. 将意式浓缩咖啡萃取到咖啡杯中，把豆浆用蒸汽打成豆浆奶泡。

2. 温度在65℃时，把豆浆奶泡倒入意式浓缩咖啡中。

3. 最后装饰上棉花糖即可。

泡泡西瓜
卡布奇诺

Paopao Xigua Kabuqinuo

难易度
Nan Yi Du
★★★

材料

意式浓缩咖啡30毫升　西瓜糖浆20毫升
牛奶200毫升

制作过程

1. 把意式浓缩咖啡直接萃取到杯中。

2. 再加入西瓜糖浆。

3. 把牛奶用蒸汽打发成奶泡。

4-6. 用勺子把奶泡挖放在咖啡表面，倒满至表面
　　都是白白的奶泡即可。

焦糖风味拿铁
咖啡
难易度
Nan Yi Du
★★

Jiaotangfengwei Natie Kafei

材料

焦糖糖浆15毫升　　　　　牛奶150毫升

意式浓缩咖啡30毫升

制作过程

1. 在杯中先放入焦糖糖浆。

2. 接着加入意式浓缩咖啡。

3. 把牛奶倒入钢杯中，用蒸汽制作出奶泡。

4-5. 把奶泡直接注入到杯中。

6. 表面装饰上焦糖爆米花即可。

热可可咖啡

Rekeke Kafei

材料

意式浓缩咖啡30毫升　　热水40毫升

棉花糖（白）4块　　　　细砂糖10克

热可可粉10克　　　　　牛奶（热）70克

❶ ❷ ❸ ❹ ❺ ❻ ❼

制作过程

1-3. 把热可可粉、细砂糖和牛奶拌匀。

4-5. 在杯中先倒入意式浓缩咖啡和热水。

6. 接着倒入热可可。

7. 在表面放上白色的棉花糖即可。

粉红咖啡

Fenhong Kafei

材料

意式浓缩咖啡60毫升　　牛奶120毫升

细砂糖5毫升

石榴糖浆20毫升

制作过程

1. 在杯中放入细砂糖。

2-3. 接着倒入石榴糖浆，拌匀。

4. 把牛奶用蒸汽打发成奶泡。

5. 在杯中直接倒入牛奶泡，搅拌一下。

6. 再用勺子刮上奶泡放入杯中。

7. 最后在奶泡上轻轻地注入咖啡即可。

白天鹅咖啡

Baitiane Kafei

材料

意式浓缩咖啡20毫升
牛奶100毫升
白巧克力碎30克
淡奶油（打发）20克

制作过程

1. 将三分之二的白巧克力碎放入温热的杯中。

2-3. 倒入意式浓缩咖啡，拌匀。

4. 把牛奶打发成奶泡。

5. 把奶泡倒入杯中，至七分满。

6. 再挤上淡奶油（打发）。

7. 最后撒上剩余的白巧克力碎即可。

威尼斯迷路

Weinisi Milu

材料

意式浓缩咖啡80毫升　　白兰地10毫升

巧克力糖浆15毫升

淡奶油（打发）30克

制作过程

1. 在杯中放入巧克力糖浆。

2. 接着加入意式浓缩咖啡。

3-4. 再倒入白兰地，稍微搅拌一下。

5. 挤上打发好的淡奶油。

6. 装饰上莱姆皮即可。

欢乐世界

Huanle Shijie

材料

意式浓缩咖啡60毫升　温水100毫升

蜜桃力娇酒20毫升　　糖水10毫升

淡奶油（打发）45克

制作过程

1-3. 将意式浓缩咖啡、温水、糖水和蜜桃力娇酒
搅拌均匀，倒入杯中。

4. 挤上淡奶油（打发）。

5. 最后装饰上糖果即可。

柠檬浓缩咖啡

Ningmeng Nongsuo Kafei

难易度
Nan Yi Du
★★

材料

意式浓缩咖啡25毫升

柠檬 1片

细砂糖3克

制作过程

1. 把细砂糖放入杯中。

2. 倒入意式浓缩咖啡到杯中。

3-4. 把柠檬挤上1~3滴到杯中，再装上柠檬片即
完成。

甜蜜蜜

难易度
Nan Yi Du
★★

Tianmimi

❶

❷

材料

意式浓缩咖啡25毫升　　柠檬片 1片

温热水60毫升　　　　　蜂蜜10毫升

❸

❹

制作过程

1. 在杯中倒入意式浓缩咖啡。

2. 再加入温热水。

3. 在咖啡碟上装饰上柠檬片和薄荷叶。

4. 最后在小勺上倒入蜂蜜即可。

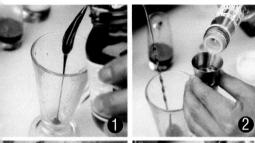

巧克力香蕉摩卡咖啡

难易度
Nan Yi Du
★★★

Qiaokeli Xiangjiao Moka Kafei

材料

意式浓缩咖啡30毫升　牛奶80毫升

淡奶油（打发）35克　黑巧克力酱10毫升

香蕉糖浆15毫升

制作过程

1-3. 在温热的杯中放入黑巧克力酱和香蕉糖浆，
　　　搅拌均匀。

4. 再倒入意式浓缩咖啡。

5-6. 把牛奶用蒸汽制成奶泡，倒入杯中。

7. 在表面挤上淡奶油（打发）。

8. 最后挤上巧克力酱装饰即可。

杏仁酒咖啡

Xingrenjiu Kafei

难易度
Nan Yi Du
★★★

材料

意式浓缩咖啡30毫升　　杏仁白兰地20毫升

热水80毫升　　　　　　淡奶油40克

糖水20毫升　　　　　　杏仁片5克

制作过程

1-2. 在杯中先倒入杏仁白兰地和糖水。

3. 接着倒入意式浓缩咖啡和热水。

4. 在表面挤上淡奶油（打发）。

5. 最后撒上杏仁片即可。

热咖啡摩卡

Rekafei Moka

　　咖啡摩卡是在浓缩咖啡中放入牛奶、巧克力，最后放上打发奶油制作而成的。众所周知，也门咖啡会自然散发巧克力的香味，咖啡师从此获得灵感，制作出来这种具有浓郁巧克力奶油香味的咖啡。

　　浓缩咖啡与牛奶以1∶3的比例混合，加入打发的奶油，为了美观在奶油上还淋入巧克力酱，也可以撒上少量的花生碎或杏仁片。淋巧克力酱时，不要用很大的力，最好让其靠重力自然下落。应根据巧克力的甜度和可可含量调整其用量，不要让巧克力覆盖咖啡的味道。

材料

浓缩咖啡液30毫升　　发泡鲜奶油适量
巧克力酱20克　　　　巧克力细碎少许
打发牛奶180毫升

制作过程

1. 温杯后，萃取浓缩咖啡，在杯中倒入巧克力酱，搅拌至巧克力酱充分融化。
2. 倒入打发的奶泡。
3. 至杯子的九成满即可。
4. 加入打发的奶油，牛奶最好少放一些。
5. 撒上巧克力细碎作装饰即成。

皇家咖啡

Huangjia Kafei

难易度
Nan Yi Du
★ ★ ★

材料

热咖啡液150毫升

白兰地15毫升

方糖1颗

制作过程

1. 先温热杯子，将热咖啡液倒入杯中，向杯中加入少许热水。

2. 将皇家咖啡匙置于火上加温后，架于咖啡杯口处。

3. 将方糖放于皇家咖啡匙上。

4. 将白兰地淋在方糖上。

5. 点火燃烧，待方糖溶解熄火即可。

咖啡香蕉

Kafei Xiangjiao

材料

香蕉2根　　　　　意式浓缩咖啡20毫升

黄油15克　　　　　朗姆酒20毫升

红糖30克

制作过程

1. 把香蕉去皮，纵向对半切开，把黄油放入煎锅融化。

2-3. 放入香蕉煎3分钟，中间翻一次。

4-5. 在香蕉上撒上红糖，接着倒入意式浓缩咖啡，继续煮2~3分钟，偶尔搅拌一下。

6. 把煎好的香蕉装盘，淋上朗姆酒。

7. 装饰上莱姆丝即完成。

咖啡焦糖苹果

Kafei Jiaotang Pingguo

材料

苹果 1个	肉桂粉0.5克
黄油10克	意式浓缩咖啡20毫升
细砂糖20克	淡奶油（打发）30克

制作过程

1. 把烤箱预热到180℃，在每个苹果底部切个小薄片，使其底部变平可以平稳摆放，将苹果削皮。

2. 把黄油隔着热水加热融化，将融化的黄油刷到苹果上。

3. 把细砂糖和肉桂粉拌匀。

4. 将苹果在肉桂糖里滚一下，裹上肉桂糖。

5. 把苹果放到烤盘里，在烤盘中倒入意式浓缩咖啡。

6. 在苹果上撒上剩余的肉桂糖。

7. 放入烤箱烤制40分钟。

8. 把苹果取出，将底部的酱汁淋在苹果上，反复多次后，把酱汁倒入一个小碗。苹果放入烤箱。

9. 把小碗中的酱汁快速加热熬成糖浆后，把糖浆浇在苹果上，再烤10分钟至苹果变软。

10. 取出，搭配上淡奶油（打发），装饰上薄荷叶，趁热食用口味最佳。

咖啡香草梨

难易度
Nan Yi Du
★★★

Kafei Xiangcaoli

材料

香草精5毫升　　　蛋黄1个

细砂糖①50克　　　细砂糖② 8克

水140毫升　　　　意式浓缩咖啡20毫升

梨 2个　　　　　　淡奶油15毫升

浓缩柠檬汁10毫升

制作过程

1. 把香草精、细砂糖①和水倒入锅中，加热至糖完全融化。

2-3. 把梨去皮切成两半，去核后涂上柠檬汁。

4-5. 把梨放入锅中，再添加水（配方外200克），漫过梨，盖上锅盖煨15分钟至梨变软。

6-7. 把梨舀出，糖浆大火加热煮沸，煮15分钟至量减少。

8. 把加热好的糖浆，过滤后倒至梨上，放凉。

9. 把蛋黄、细砂糖②、意式浓缩咖啡和淡奶油一起放入耐热碗中，搅拌均匀。隔水加热，用打蛋器搅打至混合物黏稠起泡，从火上移开并继续搅打3分钟左右，即为沙司。

10. 把梨分别摆入盘中，倒上沙司，撒上可可粉即可享用。

热咖啡甜橙

Rekafei Tiancheng

难易度
Nan Yi Du
★★★★

制作过程

材料

橙子2个　　　意式浓缩咖啡35毫升
细砂糖140克　　开心果15克
冷水18毫升
开水35毫升

1-2. 把橙子洗净，将皮削下，切成丝，备用。在橙子的果肉上，划上几刀，备用。

3-4. 细砂糖和冷水一同倒入锅中，慢慢加热至糖化，熬制成淡金黄色的糖浆。

5. 接着加入开水，当糖浆在水中融化时，再倒入意式浓缩咖啡搅拌，制成咖啡糖浆。

6. 把切好的橙皮和橙子果肉，放入糖浆中。

7. 在糖浆中煨15~20分钟，这个过程中翻转橙子使其全部裹上糖浆。

8-10. 把开心果切碎，装盘时撒在橙子上，趁热食用口味最佳。

255

咖啡奶酪烤油桃

Kafei Nailao Kaoyoutao

制作过程 ••

材料 ••••••••

马斯卡彭奶酪115克　　蜂蜜45毫升

意式浓缩咖啡45毫升　　香草精3克

油桃4个

黄油15克

1-2. 把马斯卡彭奶酪搅打至软，慢慢加入咖啡拌匀，备用。

3. 把油桃洗净，切成两半，去核。

4. 把黄油、三分之二的蜂蜜和香草精放在一起，搅拌均匀。

5. 拌匀后，把油桃的切面刷满。

6. 油桃切面向上，放入烤架盘中，180℃烤15~20分钟。

7. 烤好后，取出，在每个油桃上放上一勺的咖啡奶酪。

8-10. 在表面滴上剩余的蜂蜜，撒上核桃碎和杏仁片，点缀上薄荷叶即可。

玛琪雅朵

Maqiyaduo

玛琪雅朵由浓缩咖啡加入大量的牛奶泡沫制作而成。玛琪雅朵在意大利语中是"点点儿"的意思，可理解为在咖啡上点缀白色泡沫。这款咖啡适合喜欢温和口味的人。因为浓缩咖啡很热，所以随着牛奶泡沫融入咖啡中，牛奶便会自然与咖啡融合在一起。也可以在牛奶泡沫的上面放少量打发鲜奶油点缀一下。

材料

糖浆15克

浓缩咖啡60克

牛奶80克

鲜奶油适量

制作过程

1. 温好杯，萃取浓缩咖啡。

2. 在杯中加入糖浆。

3. 将牛奶加热打发成奶泡，向杯中注入。

4. 继续向杯中注入奶泡。

5. 再点缀上鲜奶油即可。

贝里诗咖啡

Beilishi Kafei

贝里诗咖啡，即Baileys Coffee，是一款奶油味比较重的浓缩咖啡。

材料

浓缩咖啡30克

奶油酒20克

糖浆10克

低脂鲜奶180克

鲜奶油50克

咖啡豆少许

砂糖粒少许

制作过程

1. 温好杯后，倒入浓缩咖啡。

2. 将奶油酒倒入杯中。

3. 将低脂鲜奶倒入钢杯，加热至约65℃后注入杯中。

4. 将糖浆加入杯中后搅拌均匀。

5. 在咖啡表面挤上鲜奶油。

6. 用咖啡豆和砂糖粒装饰表面即可。

脆皮棉花糖拿铁

Cuipi Mianhuatang Natie

难易度
Nan YI DU

★★★

材料

香草果露15毫升　　　棉花糖1颗

牛奶200毫升　　　　可可粉少许

巧克力碎20克　　　　冰块适量

意式浓缩咖啡液45毫升　薄荷叶少许

制作过程

1. 先在杯中倒入浓缩咖啡。

2. 将香草果露倒入杯中稍微拌匀。

3. 冰块放入杯中至五成满。

4. 牛奶放入小型拉花钢杯中，打成奶泡，慢慢倒入杯中。

5. 将奶泡刮入杯中。

6. 表面筛撒上可可粉。

7. 放入脆皮棉花糖。

8. 最后以薄荷叶和巧克力碎装饰即可。

草莓咖啡

Caomei Kafei

材料

草莓果粒果酱60克

冰牛奶200克

糖浆30克

草莓浓缩汁5克

浓缩咖啡45克

制作过程

1. 将一半草莓果粒果酱和一半冰牛奶倒入钢杯中。

2. 加草莓浓缩汁，用咖啡机蒸汽管加热至约65℃。

3. 将另一半冰牛奶和糖浆倒入钢杯，用咖啡机蒸汽管加热至约65℃。

4. 在温好的杯中，放入剩余的草莓果粒果酱。

5. 将之前打发好的草莓牛奶缓慢倒入杯中。

6. 用勺子轻挡，慢慢地注入奶泡。

7. 用同样的方式缓缓地倒入浓缩咖啡。

8. 用勺子在咖啡表面放上奶泡即可。

香橙微醺咖啡

Xiangcheng Weixun Kafei

難易度 Nan Yi Du
★★★

材料

浓缩咖啡30克

糖浆10克

君度橙香甜酒20克

打发鲜奶油40克

橙皮丝适量

可可粉少许

制作过程

1. 将君度橙香甜酒、糖浆和少许橙皮丝一起加热至呈黄色。

2. 温杯后，在杯中加入浓缩咖啡，再加入橙皮甜酒。

3. 在咖啡表面挤上打发鲜奶油。

4. 撒上少许的可可粉。

5. 用少许橙皮丝装饰即可。

黑骑士摩卡咖啡

Heiqishi Moka Kafei

难易度
Nan Yi Du
★★★

材料

浓缩咖啡30克　　　奶泡适量

黑巧克力粉20克　　巧克力酱适量

糖浆10克　　　　　可可粉少许

冰牛奶80克

制作过程

1. 将冰牛奶、糖浆和黑巧克力粉放入钢杯，用咖啡机蒸汽管加热至约65℃，搅拌均匀。

2. 温好杯后，萃取浓缩咖啡。

3. 用勺将打发好的奶泡放于咖啡杯中，使杯至九成满。

4. 在咖啡表面撒上可可粉。

5. 挤上巧克力酱装饰即可。

玉米咖啡

Yumi Kafei

材料

可可粉10克

冰牛奶80克

巧克力酱20克

糖浆20克

浓缩咖啡40克

玉米片适量

制作过程

1. 在钢杯中加入冰牛奶和可可粉。

2. 再加入巧克力酱和糖浆，用咖啡机蒸汽管加热至约65℃。

3. 打好的奶泡倒入温好的咖啡杯中。

4. 倒入浓缩咖啡液。

5. 在咖啡中间开始挤上鲜奶油。

6. 在鲜奶油的表面放上玉米片。

7. 最后淋上少许巧克力酱即可。

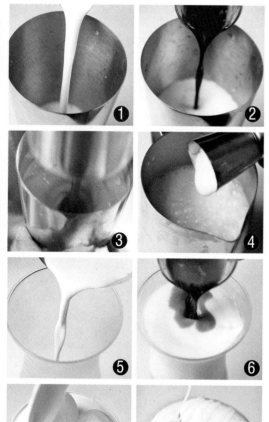

咖啡奶昔

Kafei Naixi

材料

牛奶200克

浓缩咖啡60克

炼乳50克

糖浆30克

制作过程

1. 在杯中倒入80克牛奶。

2. 再加入30克浓缩咖啡。

3. 用搅拌器将两者搅拌均匀。

4. 向钢杯里倒入剩余的牛奶和30克炼乳，用咖啡机蒸汽管加热至约65℃。

5. 倒入温好的玻璃杯中。

6. 将打好的奶泡慢慢地注入咖啡杯中至七成满，再缓缓地倒入剩余的30克浓缩咖啡。

7. 用勺子将奶泡放在咖啡表面。

8. 最后挤上剩余的20克炼乳装饰即可。

榛果香草咖啡

Zhenguo Xiangcao Kafei

难易度
Nan Yi Du
★★★

材料

榛果糖浆30克

香草糖浆30克

冰牛奶200克

浓缩咖啡40克

① ② ③ ④ ⑤

制作过程

1. 在温好的玻璃杯中，倒入榛果糖浆。

2. 在钢杯中倒入冰牛奶和香草糖浆，用咖啡机蒸汽管加热打发至65℃左右。

3. 用勺挡着，慢慢地注入牛奶，至六成满。

4. 用同样的方法，慢慢地加入浓缩咖啡。

5. 用勺子慢慢刮出奶泡，放在咖啡杯中至九成满即可。

玫瑰情怀咖啡

Meiguiqinghuai Kafei

材料

浓缩咖啡30克   香草糖浆20克

冰牛奶200毫升   玫瑰花苞10朵

玫瑰果露20克

打发鲜奶油适量

制作过程

1. 将玫瑰花苞和热水一起泡制10分钟左右。

2. 将冰牛奶和玫瑰果露倒入钢杯中。

3. 再加入香草糖浆和30克玫瑰花茶水，用咖啡机蒸汽管加热至40℃，并搅拌均匀。

4. 用汤勺稍挡住奶泡，将牛奶混合液倒入咖啡杯中。

5. 将浓缩咖啡缓缓注入杯中，制出层次效果。

6. 在咖啡表面挤上打发鲜奶油。

7. 最后用玫瑰花苞装饰即可。

雕花咖啡

旋律
Xuanlv

制作过程

1. 首先找一个注入点。
2. 以画圈的方式将奶泡注入咖啡中，牛奶的流量稍小，融合至咖啡杯十成满时即停止。
3. 用巧克力酱在咖啡奶泡上画线，线要画得均匀不过粗，以免巧克力过重沉入杯底。
4. 用巧克力酱在水平位置画4条平行的直线。
5. 用雕花棒以画"S"形的方式横切4条巧克力线。
6. 雕花棒所走的路线要均匀，直至咖啡杯最边缘即完成。

268

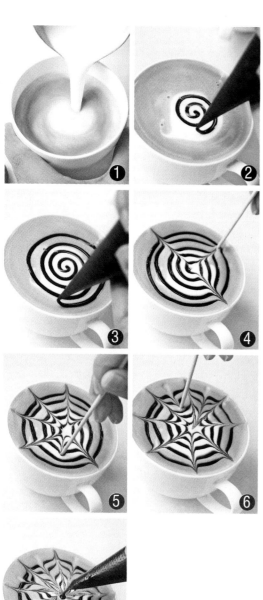

制作过程

1. 首先找一个注入点，以画圈的方式注入奶泡与咖啡融合，牛奶的流量稍小，注入至咖啡杯七成满时，立即在中间加大流量，使中间散开呈一个白色的圆面。

2. 用巧克力酱在咖啡奶泡上画线，要均匀且不可过粗，以免过重的巧克力沉入杯底。

3. 用巧克力酱在奶泡面由中心向外旋转画圈。

4. 用雕花棒从中心分别向"12点钟"方向、"3点钟"方向、"6点钟"方向、"9点钟"方向画直线。

5. 用雕花棒在已画好的四条线的中间以同样的方法向外画线。

6. 用雕花棒在8条线的中间，以相反的方向由外向中心画线。

7. 在中心点上一滴巧克力酱即可。

情缘

Qingyuan

制作过程

1. 首先找一个注入点，以画圆的方式注入奶泡与
咖啡融合，牛奶的流量稍小。

2. 当咖啡与奶泡融合至七成满后，用勺子在中心
放上一层较厚的奶泡。

3. 往白色奶泡小圈中继续注入奶泡至十成满，四
周有一圈1.5~2厘米的油脂。

4. 在油脂处用巧克力酱画长城状，围成一圈。

5. 在中间白奶泡处用巧克力酱画上一个圆。

6. 用雕花棒把中间的小圆圈向中心勾画出小花的
形状。

7. 用雕花棒在长城状圆中画一圈。

8. 在中间的小花心点上一滴巧克力酱即可。

制作过程

1. 首先找一个注入点，以画圈的方式注入奶泡与咖啡融合，牛奶的流量稍小。

2. 当咖啡与奶泡融合至七成满后，用勺子在中心放上一层较厚的奶泡。

3. 向中间白奶泡圆中继续注入奶泡至十成满。

4. 用巧克力酱在咖啡上分别画一条水平和垂直的直线。

5. 再画两条线把咖啡的面分为8份。

6. 用雕花棒由中心向外画螺旋状直至杯壁即完成。

271

期待

Qidai

难易度
Nan Yi Du
★★★★★

制作过程

1. 首先找一个注入点，以画圈的方式注入奶泡与咖啡融合，牛奶的流量稍小，融合至咖啡杯十成满时即停止。

2. 用勺子在水平位置放上一层较厚的奶泡。

3. 再用勺子在垂直位置放上一层较厚的奶泡。

4. 用巧克力酱沿白色奶泡在水平方向画4条平行的直线。

5. 用巧克力酱沿白色奶泡处在垂直方向画4条平行的直线。

6. 用雕花棒以画"S"形的方式横切巧克力线。雕花棒所走的路线要均匀，直至咖啡杯最边缘即完成。

花环

难易度
Nan Yi Du
★★★★

Huahuan

制作过程

1. 用勺子沿着杯壁四周放入奶泡。

2. 在咖啡中心也放入一团奶泡，要留出一个环形的油脂圈。

3. 向咖啡杯中心有奶泡的地方注入牛奶，至十成满时停止。

4. 在咖啡油脂的地方用雕花棒画"S"形。

5. 保持间距一致，直到画完一整圈。

6. 在"S"形的中间画线联结即完成。

心连心

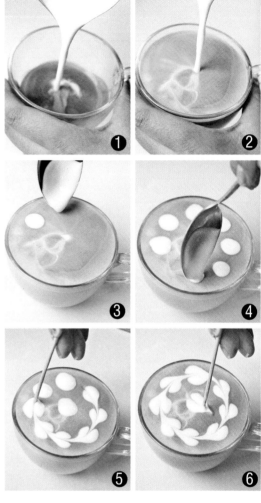

难易度
Nan Yi Du
★★★★

Xinlianxin

制作过程

1. 首先找一个注入点。

2. 以画圆的方式注入牛奶和咖啡融合至十成满，注意不能产生白色奶泡的效果。

3. 用有奶泡的勺子在咖啡表面点上白色奶泡。

4. 点出一圈8个奶泡点，咖啡中心也点上奶泡。

5. 用雕花棒将8个奶泡点联结成串心圆。

6. 将中间的奶泡画成心形即完成。

孔雀翎

难易度 Nan Yi Du
★★★★

Kongqueling

制作过程

1. 首先在杯子的一侧用勺子放上奶泡。

2. 向有奶泡的地方注入牛奶。

3. 当咖啡十成满时停止注入牛奶。

4. 用雕花棒沿着奶泡和油脂的交接处画出连续的"S"形。

5. "S"形的间距要保持一致，直画至咖啡杯边缘处。

6. 用雕花棒沿着奶泡和油脂的交界线，将花纹画出一条线即完成。

动感地带

Donggan Didai

难易度
Nan Yi Du
★★★★

制作过程

1. 首先找一个注入点，以画圆的方式注入牛奶和咖啡融合，不可以产生白色的奶泡，至十成满时停止。

2. 用勺子在咖啡表面放上白色线状奶泡。

3. 用勺子在咖啡表面放上另一条白色线状奶泡，与前面的线垂直交叉。

4. 在两条线中间放上第3条奶泡线。

5. 放上最后一条奶泡线，把咖啡用奶泡分成八份。

6. 用雕花棒由外向内螺旋画圈至中心，即完成。

❶ ❷ ❸ ❹ ❺ ❻

276

卡通kitty猫

难易度
Nan Yi Du
★★★

Katong Kitty Mao

制作过程

1. 首先找一个注入点，以画圈的方式注入奶泡与咖啡融合，牛奶的流量稍小。

2. 注入奶泡至咖啡杯七成满时，在中间加大奶泡注入流量，使中间散开一个白色的圆面。

3. 用汤匙在奶泡圆面上点上两个耳朵，再在底部的边缘处点上小手掌。

4. 用雕花棒描画出耳部轮廓。

5. 用雕花棒尖头处在耳朵的一边画上蝴蝶结。

6. 在圆形的一半处点上眼睛，再画上小鼻子。

7. 最后，拉出胡须。超级可爱的 Hello Kitty 图案就完成啦！

卡通螃蟹

Katong Pangxie

制作过程

1. 首先找一个注入点，以画圆的方式注入奶泡与咖啡融合，牛奶的流量稍小。

2. 当奶泡注入至七成满后，用勺子在咖啡的中心放上一层较厚的奶泡。

3. 继续向咖啡的奶泡中注入奶泡至十成满。

4. 用汤匙刮出奶泡，在圆形的上方拉出两个蟹钳。

5. 用雕花棒尖头处在蟹钳中间点上两只小眼睛。

6. 在中心圆的两边各画上4只小脚。

7. 用雕花棒将蟹钳向里收，画出蟹夹。

8. 再给小螃蟹画上嘴。超级可爱的小螃蟹就完成啦！

卡通米奇

Katong Miqi

制作过程

1. 首先找一个注入点，以画圆的方式注入奶泡与咖啡融合，牛奶的流量稍小。当注入奶泡至七成满后，用勺子在咖啡中心点上一层较厚的奶泡。

2. 用汤匙轻刮奶泡，在最上方的两边点上两只耳朵。

3. 向中心圆形奶泡中继续注入奶泡至十成满。

4. 用雕花棒的尖头处，在耳朵的中间位置画上一个蝴蝶结。

5. 用雕花棒的尖头处，蘸上咖啡液在米奇的面上画出头发。

6. 画出卡通米奇鼠的眼睛。

7. 用雕花棒的尖头处，蘸上咖啡液在米奇的面部点上鼻子。

8. 最后给米奇画上嘴巴，可爱的米老鼠咖啡图案就完成啦！

卡通蝴蝶

Katong Hudie

制作过程

1. 将奶泡在中心点与意式浓缩咖啡融合。

2. 奶泡注入至八成满，钢杯向后放低，在中心倒出圆形。

3. 提高钢杯，向前收出尖来。

4. 雕花棒的尖头蘸上奶泡，在圆形一边的中间处画出两根蝴蝶的触角线条。

5. 用雕花棒从咖啡的两边向心形的中间画出弧形。

6. 在圆形的下方向上画两根短一些的线条，从两边四瓣图形的每瓣中间拉出尖来。

7. 给蝴蝶的翅膀上画上斑点。一只漂亮的蝴蝶就完成啦！

雕花长颈鹿

难易度
Nan Yi Du
★★★★

Diaohua Changjinglu

制作过程

1. 把细腻的奶泡准备好，慢慢地倒入杯中。

2. 一直倒至满杯，但不能破坏咖啡油脂的表面层。

3. 用勺子挖上细腻的奶泡，从杯子的底部放上奶泡，拉出长长的身体。

4. 再放上少量的奶泡，作为头部。

5. 接着画上长颈鹿的耳朵、角和眼睛的部分。

6. 在身体的部分，点上大小不一样的点点。

7. 最后画上尾巴即可。

雕花害羞兔兔

Diaohua Haixiututu

难易度
Nan Yi Du
★★★★

制作过程 ••

1. 把细腻的奶泡慢慢地倒入杯中，倒至满杯，不要破坏咖啡油脂表面。

2. 用勺子挖上细腻的奶泡，在杯子的表面先画上一个圆球。

3. 再画上长长的耳朵，用小勺子稍微修饰一下脸形。

4. 用雕花棒沾上咖啡液，画上耳朵的颜色。

5. 最后用雕花棒沾上咖啡液，画上小兔子的表情即可。

282

雕花愤怒小鸟

Diaohua Fennu Xiaoniao

制作过程

1. 把打好的奶泡直接倒入意式浓缩咖啡里。

2. 边倒入边均匀地左右轻轻晃动钢杯。

3. 在原点一直晃动钢杯，直到形成一个圆停止。

4. 用巧克力酱在表面挤上愤怒小鸟的表情即可。

雕花龙猫

Diaohua Longmao

难易度
Nan Yi Du
★★★★

制作过程

1. 在意式浓缩咖啡中倒入细腻的奶泡。

2. 轻轻地左右晃动，形成一个弧形时停止，再倒入一个椭圆形。

3. 在弧形的上方画出耳朵的部分。

4. 再用雕花棒沾上咖啡液，画上表情。

5. 最后画上身上的纹路即可。

①
②

③
④

⑤

雕花独角兽

Diaohua Dujiaoshou

制作过程

1. 把打好的奶泡用勺子挖放入咖啡杯中，要沿着杯子的边缘放入。

2. 形成一个弧形的图案，再在有白色奶泡的部分，慢慢地倒入奶泡，至满杯。

3. 在咖啡色的弧形图案上，用雕花棒在图案的一边呈螺旋状地一路向下画圈。

4. 再在另一侧的奶泡上勾勒出头部。

5. 最后点上眼睛、鼻子和角即可。

雕花爱萌卡通

难易度
Nan Yi Du
★★★★

制作过程

1. 在意式浓缩咖啡中倒入细腻的奶泡。

2. 边倒入边轻轻地晃动钢杯，使其形成一个自己想要的形状。

3. 在表面画上耳朵和鼻子。

4. 最后用雕花棒沾上咖啡液，画上可爱的表情即可。

① ②

③ ④

雕花呆呆狗

Diaohua Daidaigou

制作过程

1. 在杯中倒入打发好的奶泡。

2. 边倒入边左右轻轻地晃动钢杯，让奶泡在意式浓缩咖啡液中形成一个椭圆形。

3. 用雕花棒沾上咖啡液，画上胡须。

4. 再点上眼睛、鼻子和嘴巴的部分即可。

卡通雪人

Katong Xueren

制作过程

1. 首先找一个注入点，以画圈的方式注入奶泡与咖啡融合，牛奶的流量稍小。

2. 奶泡注入至九成满后，用勺子在咖啡中间放上两个圆形的奶泡，下圆是上圆的两倍。

3. 用雕花棒的尖头蘸上咖啡液，在头部画上眼睛、鼻子和小嘴。

4. 在上圆的头部面上画出帽子。

5. 用咖啡液点画上一排钮扣。

6. 在下圆上画出围巾。

7. 用雕花棒的尖头蘸上奶泡，在咖啡的表面点上大大小小的圆点，可爱的小雪人图案即完成。

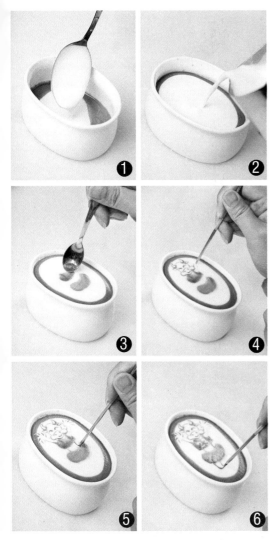

雕花啦啦队

Diaohua Laladui

制作过程

1. 把细腻的奶泡用勺子挖放在杯中，让杯中表面形成一片白色。

2. 再慢慢倒入奶泡，倒至满杯。

3. 用小勺挖上咖啡油脂，在表面画上咖啡纹理。

4. 再用雕花棒画上牛头的部分。

5. 接着画上手和腰的部分。

6. 最后画上腿部就完成了。

289

雕花卡通头像

制作过程

1. 把意式浓缩咖啡直接萃取到咖啡杯中，再撒上可可粉。
2. 把打好的奶泡直接倒入杯中。
3. 轻轻晃动钢杯，使晃出的纹路左右大小一致。
4. 接着以同样的手法，再倒上两个点。
5. 用雕花棒沾上咖啡液，画上耳朵。
6. 最后点上眼睛鼻子等即可。

雕花快乐青蛙

难易度
Nan Yi Du
★★★★

Diaohua Kuaile Qingwa

制作过程

1. 用勺子挖上细腻的奶泡，放在杯子中。

2. 再慢慢倒入奶泡，倒至满杯。

3. 用小勺沾上咖啡液，在奶泡的表面画上纹理。

4. 用雕花棒沾上咖啡液，画上头部。

5. 接着画上青蛙的眼睛和嘴巴的部分。

6. 再沾上咖啡液画上青蛙的手部。

7. 最后画上腿部即可。

雕花大象

Diaohua Daxiang

难易度
Nan Yi Du
★★★★

制作过程

1. 把打好的奶泡直接倒入意式浓缩咖啡中。

2. 倒入时,要均匀地晃动钢杯,幅度不能大。

3. 晃出三层均匀的弧度,最后一层要把它拖长一些。

4. 在拖长的一层奶泡上,画上大象鼻子的纹路。

5. 最后点上眼睛、耳朵等就可以了。

雕花咪咪猫

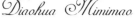

Diaohua Mimimao

制作过程

1. 在意式浓缩咖啡的表面撒上可可粉，再倒入细腻的奶泡。

2. 在倒入时要轻轻地在原点晃动钢杯，使其形成一个圆点，大小自己控制。

3. 再用雕花棒沾上咖啡液，画出耳朵。

4. 接着画上可爱的面部表情。

5. 最后在头部的下方，点上两个小爪子即可。

雕花装萌小兔

Diaohua Zhuangmeng Xiaotu

制作过程

1. 在杯中挖放上细腻的奶泡。
2. 倒入奶泡，倒满为止，杯面上都是奶泡的白，边上有一圈的咖啡色。
3. 雕花棒沾上咖啡液，先画出耳朵的部分。
4. 再慢慢地修饰出脸的轮廓。
5. 在脸上点上可爱的表情。
6. 简单地勾勒出身体的部分就好了。

①

②

③

④

⑤

⑥

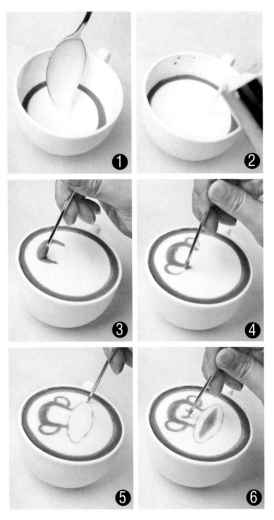

雕花大嘴猴

Diaohua Dazuihou

制作过程

1. 把打好的奶泡用勺子挖放到意式浓缩咖啡中，使其表面形成一片大大的白色奶泡圆。

2. 外围是一圈咖啡色，再慢慢地倒入奶泡，倒满为止。

3. 用雕花棒沾上咖啡液，在奶泡的表面画上头部。

4. 接着在两侧画上大大的耳朵。

5. 在头部的下方画上一张大大的嘴的轮廓。

6. 最后点上眼睛并画上大大的嘴巴，在嘴下面的空白处，画上字母即可。

雕花孙悟空

Diaohua Sunwukong

制作过程

1. 把细腻的奶泡倒入杯中，使其占满杯面，边上一圈咖啡色，在白色奶泡上画出头部的轮廓。

2. 用牙签沾上咖啡液，把头部修饰得细致一些。

3. 再画上可爱的面部表情。

4. 接着画上上身衣服的部分。

5. 画上手里的金箍棒。

6. 最后画上下半身即可。

向往
Xiangwang

难易度
Nan Yi Du
★★★★

制作过程

1. 首先找一个注入点。

2. 以画圆的方式注入牛奶和咖啡融合，不可以产生白色的奶泡。

3. 用勺子沿咖啡杯壁放入奶泡。

4. 依次放入6个奶泡，用拉花杯往咖啡中心继续注入牛奶至十成满。

5. 在咖啡中间放上白色奶泡。

6. 在中间奶泡上画出花形即可。

风车

Fengche

难易度
Nan Yi Du
★★★★

①
②

③
④

⑤
⑥

制作过程

1. 首先找一个注入点，以画圆的方式注入牛奶和咖啡融合，不可以产生白色的奶泡。

2. 用勺子沿咖啡杯壁放入奶泡。

3. 均匀地放6个奶泡点，用拉花杯往咖啡中心继续注入牛奶。

4. 旋转咖啡杯。

5. 使奶泡旋转出图案。

6. 用雕花棒修饰出花朵的尖形即完成。

花季少年

Huaji Shaonian

制作过程

1. 首先找一个注入点注入，中间出现奶泡点。

2. 用勺子沿着杯壁放入一圈奶沫。

3. 用雕花棒以中心为点向外拉线。

4. 以对称的形式拉出八条线。

5. 在两条线之间再向中间拉出线条。

6. 在咖啡中间的奶泡上画出圆圈即完成。

雕花变形金刚

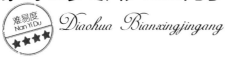

Diaohua Bianxingjingang

难易度
Nan Yi Du
★★★★

制作过程

1. 在意式浓缩咖啡中慢慢地倒入奶泡，不要让奶泡破坏了咖啡油脂的表面。

2. 用小勺子挖上细腻的奶泡，放在咖啡表面，先找好位置，控制大小。

3. 再用雕花棒沾上奶泡，延续围绕着开始画上一块块的奶泡。

4. 就这样一块块地延续拼接，形成了变形金刚的标志。

❶ ❷ ❸ ❹

难易度
Nan Yi Du
★ ★ ★

雕花自行车

Diaohua Zixingche

制作过程

1. 把细腻的奶泡挖放到意式浓缩咖啡的中间。

2. 接着慢慢倒入奶泡，倒满为止。

3. 用雕花棒沾上咖啡液，在奶泡上画出车的轮廓。

4. 最后修饰加粗一下即可。

雕花大树

Diaohua Dashu

难易度
Nan Yi Du
★★★★

制作过程

1. 将细腻的奶泡慢慢地倒入杯中，不能破坏咖啡油脂的表面。

2. 用小勺挖上细腻的奶泡，从杯子的一侧向另一侧延伸。

3. 用小勺画出大树枝丫的部分。

4. 最后用雕花棒沾上奶泡，在表面点上大大小小的点点即可。

美女节

难易度
Nan Yi Du
★★★★

Meinvjie

制作过程

1. 在咖啡杯的一侧用勺子放入奶泡。

2. 在杯的另一侧也放入奶泡。

3. 用勺子轻挡拉花钢杯口，向咖啡中注入牛奶。

4. 用雕花棒画出脸的轮廓。

5. 在轮廓中画上五官。

6. 在耳朵下面画出耳环装饰即完成。

雕花GD权志龙

Diaohua GD Quanzhilong

难易度
Nan Yi Du
★★★

①　②　③　④　⑤　⑥

制作过程

1. 挖上细腻的奶泡，放入杯中。

2. 再倒入奶泡，倒满杯。

3. 用雕花棒沾上咖啡液，先画上头发的部分。

4. 接着是脸的轮廓和眼镜。

5. 再画上身体的部分。

6. 最后画上签名的部分就完成了。

雕花霸气男

Diaohua Baqinan

制作过程

1. 将奶泡打发好，用勺子挖上细腻的奶泡，贴着杯子的边缘转一圈。

2. 然后把奶泡倒入杯中，直到倒满杯为止。

3. 用雕花棒沾上咖啡液，先勾勒画出头发的形状。

4. 在头发的上方画上帽子。

5. 接着将人物的脸部轮廓画出。

6. 最后画上人物的五官即可。

305

雕花花痴男头像

Diaohua Huachinan Touxiang

制作过程

1. 从打好的奶泡中用勺子挖取细腻的奶泡，放入杯中正中央，让奶泡晕开。

2. 再把奶泡慢慢倒入杯中，直至倒满。

3. 用雕花棒沾上意式浓缩咖啡在杯子的中间，画上人物脸的轮廓。

4. 接着画上耳朵和头发。

5. 沾上咖啡液，画上可爱的眼睛和鼻子。

6. 再画上开口笑的嘴。

7. 最后画上点缀装饰的心即完成。

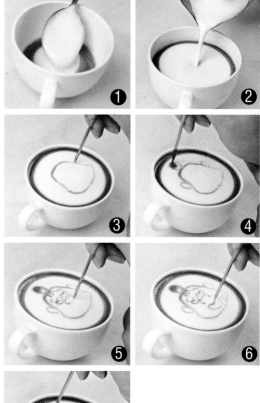

雕花狂想曲

Diaohua Kuangxiangqu

制作过程

1. 用勺子挖上细腻的奶泡，放入杯中，使杯子表面形成白色。

2. 再慢慢倒入奶泡，倒至满杯。

3. 用雕花棒沾上咖啡液，先在奶泡的表面画上头部，位置和大小要掌握好。

4. 接着画上五官和衣服轮廓的部分。

5. 把衣服的部分涂上咖啡液，使衣服有深浅区别。

6. 在手上画上老鹰的部分。

7. 最后在底部用巧克力酱挤上字母即可。

雕花卡通版GD

①②③④⑤⑥⑦

制作过程

1. 把细腻的奶泡放入杯中，让奶泡晕满整个杯子。

2. 慢慢倒入奶泡，至满杯。

3. 用雕花棒沾上咖啡液，画上人物的头部。

4. 接着是脸的轮廓部分，这个位置一定要找准。

5. 再画上五官的部分。

6. 沾上咖啡液画上脖子和衣服的部分。

7. 最后画上签名的部分就可以了。

雕花玛丽莲梦露

Diaohua Malilianmenglu

难易度
Nan Yi Du
★★★

制作过程

1. 挖上细腻的奶泡到杯子中，让奶泡晕开。

2. 接着慢慢倒入奶泡，倒满杯。

3. 先用雕花棒沾上咖啡液，画上人物的头发。

4. 接着是身体裙子的部分。

5. 再画上腿部的线条。

6. 在一边画上话外框，里面画上字母。

7. 最后给人物画上五官即可。

雕花卓别林

Diaohua Zhuobielin

制作过程

1. 将打发好的奶泡挖到杯中，形成大片的奶泡白。

2. 再倒入奶泡，一直倒至满杯。

3. 用雕花棒沾上咖啡液，在奶泡的表面先定好帽子的位子。

4. 接着画出帽子的形状。

5. 下面画出脸的轮廓。

6. 接着画上人物的眉毛和头发。

7. 再画上眼睛和鼻子。

8. 最后画上小胡子和嘴巴即可。

雕花调皮小男孩

Diaohua Tiaopi Xiaonanhai

难易度
Nan Yi Du
★★★★

制作过程

1. 把细腻的奶泡用勺子挖放到咖啡中。

2. 奶泡晕开后，把奶泡倒入杯中，倒至满杯。

3. 用雕花棒沾上咖啡液，画上人物的脸部轮廓。

4. 再沾上咖啡液画上头发的部分。

5. 接着画上眼睛的部分。

6. 再画上眉毛和鼻子。

7. 最后画上嘴巴和衣领的部分即可。

雕花樱桃小丸子

制作过程

1. 把细腻的奶泡挖放到意式浓缩咖啡中。

2. 等整个杯面都是白白的奶泡时，再倒入奶泡，倒满为止。

3. 用雕花棒沾上咖啡液，先画上小丸子的头发和帽子。

4. 接着画上小丸子的脸。

5. 最后简单地勾勒出身体的部分就可以了。

雕花面具

Diaohua Mianju

难易度
Nan Yi Du
★★★★

制作过程

1. 把打好的奶泡慢慢地倒入杯中，倒至满杯，让整个面都是白色的奶泡。

2. 用雕花棒沾上咖啡液，画出人物脸部的轮廓。

3. 再画上眉毛，位置要找好。

4. 接着是鼻子和眼的部分。

5. 再沾上咖啡液，画出胡子的部分。

6. 最后把脸部细节处理一下，阴影的部分画一下即可。

雕花吃雪糕的傻妞

Diaohua Chixuegao de Shaniu

制作过程

1. 把打好的奶泡用勺子挖放到杯中。

2. 再慢慢地倒入奶泡，倒满杯为止。

3. 用雕花棒沾上咖啡液，在杯子的正中间画上头部的轮廓。

4. 再修饰画出发髻部分。

5. 在脸部画上可爱的表情。

6. 最后画上雪糕即可。

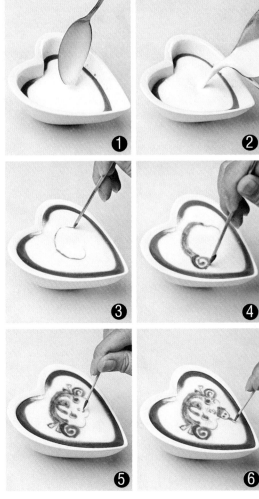

① ② ③ ④ ⑤ ⑥

314

雕花超级玛丽

Diaohua Chaoji Mali

难易度
Nan Yi Du
★★★★

制作过程

1. 把细腻的奶泡放入杯中，杯面都变成白色后，再倒入奶泡，倒满杯。

2. 雕花棒沾上咖啡液，画出帽子的部分。

3. 接着是脸的轮廓部分。

4. 再画上面部的表情。

5. 在帽子上画上它特有的标志。

6. 最后画上身体的部分就搞定了。

315

雕花骑马舞

Diaohua Qimawu

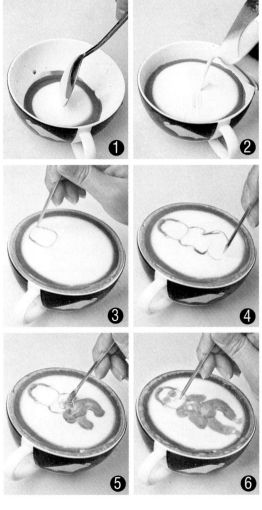

制作过程

1. 把细腻的奶泡用勺子放入意式浓缩咖啡的中间。

2. 当奶泡撑满整个杯面时，再慢慢倒入奶泡，倒满杯。

3. 用雕花棒沾上咖啡液，先定出头部的位置和大小。

4. 接着是身体的部分，形要抓准。

5. 用雕花棒沾上咖啡液，把身体上衣服的部分填满。

6. 最后画上面部表情即可。

雕花海贼王

难易度
Nan Yi Du
★★★★

制作过程

1. 把细腻的奶泡放入到杯中，贴着一边的杯壁放入，形成一个弧形的咖啡色外圈。

2. 再慢慢地倒入奶泡，倒满为止。

3. 用雕花棒沾上咖啡液，在奶泡的表面画上一个框框。

4. 在框框中先画上帽子和头发的轮廓。

5. 接着画出脸上可爱的表情。

6. 最后在外围咖啡外圈，拉出尖尖装饰即可。

雕花若隐若现的美女

难易度
Nan Yi Du
★★★★

Diaohua Ruoyinruoxian de Meinv

制作过程

1. 把细腻的奶泡沿着杯子的边缘放入意式浓缩咖啡上。

2. 留下一点咖啡色后，倒入奶泡，至满杯，用雕花棒在表面画出美女的头发和五官。

3. 最后在五官的外围上画出脸的轮廓即可。

雕花哆啦A梦

Diaohua Duola Ameng 难易度 Nan Yi Du ★★★

制作过程

1. 把打好的奶泡慢慢地倒入意式浓缩咖啡中，不要破坏咖啡油脂的表面，倒满为止。

2. 用勺子挖上细腻的奶泡，放在杯子的表面，形成一个长长的条状。

3. 用雕花棒沾上咖啡液，在奶泡上先画上"哆"字。

4. 以此类推的排列下去，四个字的大小位置要控制好。

雕花洛克先生

Diaohua Luokexiansheng

难易度
Nan Yi Du
★★★★

制作过程

1. 用勺子挖上细腻的奶泡，放入杯中。

2. 倒入奶泡，倒至满杯。

3. 用雕花棒沾上咖啡液，在奶泡表面画写上"洛克先生"。

4. 再画上字母，每个字体的大小位置都要控制好。

5. 最后用巧克力酱在"洛克"两个字的外围挤上线条即可。

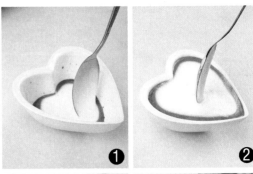

❶ ❷

❸ ❹

❺

雕花what is love

难易度
Nan Yi Du
★ ★ ★

Diaohua What is love

制作过程

1. 把细腻的奶泡挖放入杯中。

2. 再慢慢地倒入奶泡，倒满为止。

3. 用雕花棒沾上咖啡液在杯面先写画上英文字母，稍微小一些，位置也要安排好。

4. 在下方写画上"LOVE"，要大些粗一些。

5. 在其他空缺的地方画上大大小小不同方位的问号。

6. 用巧克力酱把英文字母标一下，使其更突出。

雕花big bang

Nan Yi Du
★★★

制作过程

1. 把打好的奶泡直接倒入杯中，倒入时钢杯要放在离咖啡杯稍高一些的位置，慢慢倒入。

2. 不要破坏咖啡的表面，接着用勺子挖上细腻的奶泡，在杯中放上一个圆点。

3. 在圆点的一边，用雕花棒沾上奶泡写上字母。

4. 最后用牙签沾上奶泡，在圆点的外围，画上条条，使圆点变成太阳即可。

① ② ③ ④

拉花咖啡

拉花心形

Lahua Xinxing

制作过程

1. 拉花杯放在咖啡杯中央处。
2. 倒入牛奶奶泡和咖啡融合。
3. 在中央处开始摆动拉花杯。
4. 大面积的白色牛奶区块完成。
5. 牛奶奶泡形成圆形。
6. 提起拉花杯让牛奶变细到杯子的边缘。

拉花抖心

Lahua Douxin

制作过程

1. 拉花杯悬于咖啡杯的中央处。
2. 摆动拉花杯形成大面积白色。
3. 移动拉花杯连续倒出两个圆形。
4. 移动拉花杯倒出第三个圆形。
5. 摆动拉花杯形成心形。
6. 提起拉花杯淋到咖啡杯边缘即可完成。

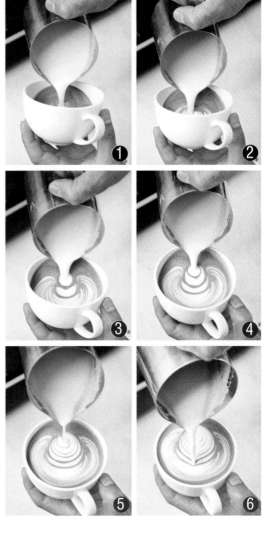

拉花推心

制作过程

1. 首先找一个注入点。

2. 以画圆的方式注入牛奶和咖啡融合。

3. 放低拉花杯的高度，使咖啡表面出现牛奶白点。

4. 摇晃拉花杯，拉出大奶泡。第一个奶泡完成后，将拉花杯口向上收起。

5. 再次将牛奶注入咖啡杯中间，拉出奶泡后如同撞球的动作一般，将拉花杯由后向前拉，将先前的奶泡向下压。

6. 继续以同样的方式拉出第三个奶泡。

7. 在三个奶泡的中间注入细细的线条贯穿。美味的拉花拿铁就完成了。

拉花推心串叶

Lahua Tuixinchuanye

难易度
Nan Yi Du
★★★★

制作过程

1. 拉花杯悬于咖啡杯中央处。

2. 把拉花杯移到咖啡杯边缘，左右摆动。

3. 摆出纹路往后退到边缘，提起拉花杯让牛奶变细到杯子的边缘。

4. 在叶子和侧面连续倒出两个圆形。

5. 继续移动拉花杯倒出第三个圆形。

6. 最后再倒出第四个圆形，提起拉花杯让牛奶变细到咖啡杯边缘即可。

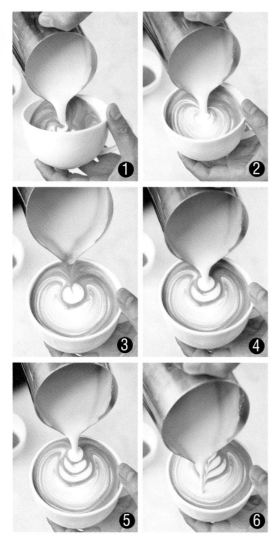

拉花四层推心

Lahua Sicengtuixin

难易度
Nan Yi Du
★★★★

制作过程

1. 拉花杯悬于咖啡杯的中央处摆动。

2. 形成大面积白色。

3. 移动拉花杯倒出第二个圆。

4. 移动拉花杯倒出第三个圆。

5. 移动拉花杯倒出第四个圆。

6. 提起拉花杯使牛奶变细，淋到咖啡杯内边缘。

拉花推心反加三个心

Lahua Tuixin Fanjia Sangexin

制作过程

1. 拉花杯放在咖啡杯中央处。

2. 摆动拉花杯连续推出两个圆。

3. 继续移动拉花杯倒出第三个圆。

4. 转动咖啡杯一圈倒出第一个心形。

5. 移动拉花杯倒出第二个心形。

6. 再次移动拉花杯倒出第三个心形即可完成。

拉花正推心加反推心

难易度
Nan Yi Du

Lahua Zhengtuixin Jia Fantuixin

制作过程

1. 拉花杯悬于咖啡杯中央处。

2. 摆动拉花杯形成大面积白色。

3. 移动拉花杯倒出圆。

4. 形成圆形移动拉花杯。

5. 摆动拉花杯形成叶纹。

6. 提起拉花杯移到咖啡杯边缘即可完成。

拉花多层推心加心

Lahua Duocengtuixin Jiaxin

难易度
Nan Yi Du
★★★★

制作过程

1. 拉花杯放在咖啡杯中央处。

2. 摆出大面积白色再推出两个圆形。

3. 连续移动拉花杯推出五层圆形。

4. 拉花杯再次移动推出圆形。

5. 在咖啡杯边缘推出心形。

6. 提起拉花杯让牛奶变细,从圆形中心淋到咖啡杯边缘即可。

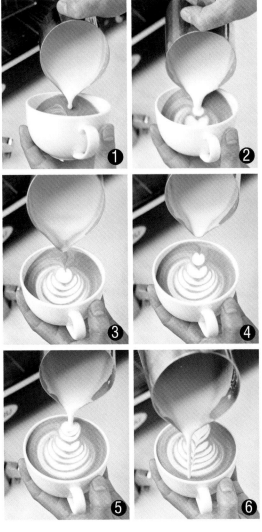

330

拉花十层斜推心

难易度
Nan Yi Du
★★★★

Lahua Shiceng Xietuixin

①

②

③

④

⑤

⑥

制作过程

1. 拉花杯放在咖啡杯中央处。

2. 把咖啡杯倾斜，放低拉花杯倒出白色圆形。

3. 连续倒出白色圆形四个。

4. 移动拉花杯再倒三个白色圆形。

5-6. 再移动拉花杯倒三个白色圆，总共十个。提
起拉花杯成半圆形，让牛奶变细到杯子边缘
即可。

拉花推心漩涡

Lahua Tuixin Xuanwo

难易度
Nan Yi Du
★★★★

①

②

③

④

⑤

⑥

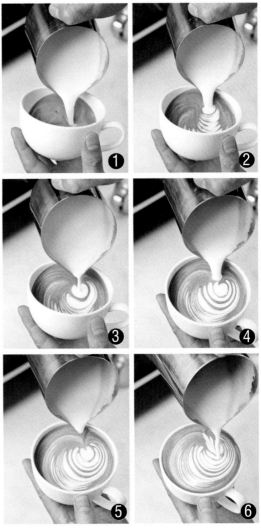

制作过程

1. 拉花杯放在咖啡杯中央处。

2. 左右摆动拉花杯出现白色纹路，到杯子中间加大牛奶量倒出圆形。

3. 移动拉花杯倒出第二个白色圆形。

4. 连续倒出白色圆形。

5-6. 提起拉花杯，让牛奶变细直到咖啡杯边缘处即完成。

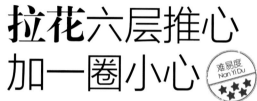

拉花六层推心
加一圈小心

Lahua Liucengtuixin Jia Yiquanxiaoxin

制作过程

1. 拉花杯悬于咖啡杯边缘处，摆动至出现白色。

2. 移动拉花杯，倒出两个圆形纹路。

3. 继续移动拉花杯，倒出第三、第四、第五层
   圆形。

4. 提起拉花杯让牛奶变细到咖啡杯边缘。

5. 用雕花棒沾上奶沫，点上白点。

6. 用雕花棒从圆点中间划过，圆点变成一串心形
   即可。

拉花推心加三个小推心

难易度
Nan Yi Du
★★★★

Lahua Tuixin Jia Sangexiaotuixin

制作过程

1. 拉花杯悬于咖啡杯中央处。

2. 倾斜咖啡杯倒出白色圆形，提起拉花杯到杯子边缘处。

3. 移动拉花杯到咖啡杯右侧，倒出白色圆形。

4. 继续移动拉花杯倒出第二个白色圆形。

5. 提起拉花杯使牛奶变细，穿过圆变成心形。移动拉花杯到中间，再倒出两个圆形白色，穿过圆变成心形。

6. 最后往左倒出两个圆形白色，穿过圆变成心形即可。

拉花波浪花加两推心

难易度
Nan Yi Du
★ ★ ★ ★ ★

Lahua Bolanghuajialiangtuixin

制作过程

1. 拉花杯悬于咖啡杯中央处。

2. 拉花杯左右摆动，出现白色纹路直到推到杯子边缘。

3. 移动拉花杯到左侧倒出白色圆形。

4. 连续倒出两个圆形，穿过圆形变成推心。

5. 再把拉花杯移到咖啡杯右侧倒出三个圆形，穿过圆形成推心。

6. 用雕花棒在纹路上划过，使纹路更漂亮即可。

拉花九层推心加花

Lahua Jiucengtuixin Jiahua

难易度
Nan Yi Du
★★★★

制作过程

1. 拉花杯悬于咖啡杯边缘处。

2. 连续移动咖啡杯推出四个白色纹路。

3. 继续移动拉花杯推出白色纹路，穿过纹路变成推心。

4. 再移动拉花杯到咖啡杯左侧倒出两个心形。

5. 用雕花棒沾上咖啡点上小点。

拉花断层花心

难易度
Nan Yi Du
★★★★

制作过程

1. 拉花杯悬于咖啡杯中央处。

2. 移动拉花杯连续推出四个纹路。

3. 再移动拉花杯连着推出两个圆形。

4. 接着再在圆形下面倒出两个圆形。

5. 提起拉花杯穿过圆形变成推心即可。

拉花波浪中的心

Lahua Bolangzhong de Xin

制作过程

1. 拉花杯悬于咖啡杯中央处。
2. 连续移动拉花杯倒出三个圆形纹路。
3. 再移动拉花杯倒出第四个圆形纹路。
4. 连续倒出五个圆形，穿过圆形成推心。
5. 用雕花棒从边缘画出花纹即可。

拉花叶

难易度
Nan Yi Du
★★★★

Lahuaye

制作过程

1. 首先找一个注入点，可以选择中间（或是1/3处）为注入点。

2. 控制牛奶的流量稍小。

3. 慢慢加大牛奶的注入量。

4. 当咖啡出现白点的时候，将拉花杯左右轻微做"S"形晃动（形成一个正弦曲线轨迹）。

5. 记住牛奶的流量不要变小，尽量保持均衡的速度，才能够持有一定的冲力。

6. 抬高拉花杯，以较小的流量由中心向叶子根部移动，当奶泡满杯即完成制作。

拉花两叶

Lahua Liangye

难易度
Nan Yi Du
★★★★

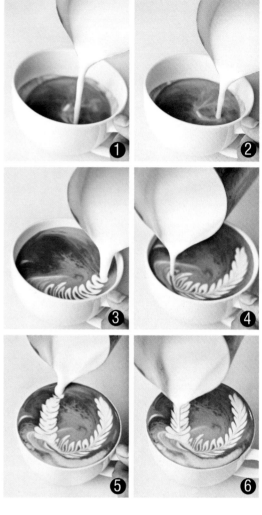

制作过程

1. 首先找一个注入点。

2. 以画圈的方式注入牛奶和咖啡融合。

3. 拉花杯靠近咖啡杯的左边边缘，一边左右摇晃一边后退注入奶泡。

4. 提高拉花杯，在已拉出的奶泡弧形中心用细细的奶泡压出一条线。

5. 用和左边同样的方式拉出右边的一片叶子。

6. 收线后，继续慢慢注入牛奶，至咖啡杯饱满即完成。

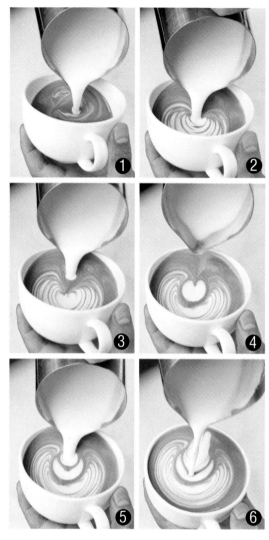

拉花心叶

Lahua Xinye

制作过程

1. 拉花杯悬于咖啡杯中央处。

2. 摆动拉花杯形成大面积白色。

3. 移动拉花杯倒出圆。

4. 形成圆形移动拉花杯。

5. 摆动拉花杯形成叶纹。

6. 提起拉花杯移到咖啡杯边缘即可完成。

拉花长叶

Lahua Changye

难易度
Nan Yi Du
★★★★

制作过程

1. 拉花杯悬于咖啡杯中央处。

2. 移动拉花杯到咖啡杯边缘处。

3. 一直左右摆动至形成白色纹路。

4. 移动拉花杯往后推到咖啡杯边缘。

5. 提起拉花杯让牛奶变细到咖啡杯边缘。

拉花双叶

Lahua Shuangye

难易度
Nan Yi Du
★★★★

制作过程

1. 拉花杯悬于咖啡杯中央处。
2. 摆动拉花杯直到出现白色奶泡。
3. 左右摆动拉花杯向咖啡杯边缘后退。
4. 出现纹路后提起拉花杯向前收，第一个叶子即完成。
5. 移动拉花杯到咖啡杯左边摆动出现白色奶泡。
6. 提起拉花杯向前收到咖啡杯边缘即可。

拉花三个叶子

Lahua Sangeyezi

难易度
Nan Yi Du
★★★★

① ② ③ ④ ⑤ ⑥

制作过程

1. 拉花杯悬于咖啡杯中央处。

2. 摆动拉花杯直到出现白色纹路，往后推。

3. 到咖啡杯边缘提起拉花杯向前形成第一个叶子。

4. 移动拉花杯到左侧摆动形成第二个叶子。

5. 移动拉花杯到右侧摆动形成第三个叶子。

6. 提起拉花杯到咖啡杯边缘即可完成。

拉花由大到小的叶子

难易度
Nan Yi Du
★★★

Lahua Youdadaoxiao de Yezi

制作过程

1. 拉花杯悬于咖啡杯中央处。
2. 拉花杯移到咖啡杯右侧摆出白色纹路。
3. 在咖啡杯中间处左右摆动出白色纹路。
4. 提起拉花杯，穿过白色纹路变成叶子。
5. 移动拉花杯到左侧再倒出一个小叶子即可。

拉花四瓣叶

Lahua Sibanye

难易度
Nan Yi Du
★★★★

制作过程

1. 拉花杯悬于咖啡杯中间处。

2. 从中间往边缘晃出纹路，再收回到原点。

3. 再从中间出发，往旁边晃出纹路，向第一个叶子的90°方向。

4. 以此类推，再晃出第三个和第四个叶子。

5. 四片叶子要对称，收尾均为向中间结尾。

拉花五叶①

Lahua Wuye

制作过程

1. 拉花杯悬于咖啡杯中央处。

2. 摆动拉花杯，出现白色往后推到杯子的边缘，提起向前收。

3. 继续摆动拉花杯倒出第二和第三个叶子。

4. 在两个叶子中间倒出第四个叶子。

5. 提起拉花杯向前到咖啡杯的边缘。

6. 移动拉花杯到右边两个叶子中央倒出第五个叶子即完成。

拉花五叶②

Lahua Wuye

难易度
Nan Yi Du
★★★

制作过程

1. 拉花杯悬于咖啡杯右侧。

2. 摆动拉花杯往后退，出现白色纹路，然后穿过纹路形成叶子。

3. 移动拉花杯到咖啡杯左侧，摆动出现白色纹路，然后穿过纹路形成叶子。

4. 移动拉花杯到左侧，摆出左侧第二个叶子。

5. 移动拉花杯到右侧，摆出右侧第二个叶子。

6. 在四个叶子中间，摆出第五个叶子。

拉花叶中有叶

Lahua Yezhongyouye

制作过程

1. 拉花杯悬于咖啡杯中央处。

2. 左右摆动出现白色纹路。

3. 推到咖啡杯边缘，表面出现整齐的纹路。

4. 移动拉花杯在纹路的表面再倒出一层纹路。

5. 提起拉花杯让牛奶穿过纹路，成双层叶子。

拉花两个叶子加小花

难易度
Nan Yi Du
★★★★★

Lahua Lianggeyezi Jia Xiaohua

制作过程

1. 拉花杯悬于咖啡杯中央处。

2. 摆动拉花杯出现白色奶泡纹路，然后提起拉花杯到咖啡杯边缘。

3. 移动拉花杯摆出第二个叶子。

4. 提起拉花杯到咖啡杯边缘。

5. 继续移动拉花杯在中央处倒出圆形。

6. 用雕花棒画出小花即可完成。

拉花叶子加四层心

Lahua Yezi Jia Sicengxin

难易度
Nan Yi Du
★★★★

制作过程

1. 拉花杯悬于咖啡杯中央处。

2. 摆动拉花杯向后推直到出现纹路。

3. 移动拉花杯到咖啡杯右边倒出第一个圆形。

4. 倒出圆形移动拉花杯准备倒出第二个圆形。

5. 移动拉花杯倒出第二个圆形。

6. 连续倒出第三、第四个圆形，提起拉花杯到咖啡杯边缘即可完成。

拉花叶拖五层心

Lahua Yetuo Wucengxin

难易度
Nan Yi Du
★★★★

制作过程

1. 拉花杯悬于咖啡杯右侧开始左右摆动拉花杯。
2. 摆动拉花杯的同时转动咖啡杯，直到出现纹路。
3. 移动拉花杯到咖啡杯中央处倒出白色圆形。
4. 继续移动拉花杯倒出第二、第三层白色圆形。
5. 移动拉花杯倒出第四个圆形。
6. 最后倒出第五个圆形，提起拉花杯到咖啡杯边缘即可。

拉花两叶中推心

Lahua Liangyezhong Tuixin

难易度
Nan Yi Du
★★★★

制作过程

1. 拉花杯放在咖啡杯中央处。

2. 移动拉花杯到咖啡杯右侧摆出纹路。

3. 再移到左侧摆出纹路。

4. 把拉花杯放在咖啡杯中央处，倒出一个圆形。

5. 连续再推出两个圆形，穿过圆形变推心即可。

拉花叶镶心

Lahua Yexiangxin

难易度
Nan Yi Du

①

②

③

④

⑤

制作过程

1. 拉花杯悬于咖啡杯中央处。

2. 左右摆动拉花杯出现白色花纹。

3. 移动拉花杯到右侧摆出纹路。

4. 再移动拉花杯到左侧摆出纹路。

5. 在两个纹路中间推倒出一个心形即可。

354

拉花四层心加两个小叶子

难易度 Nan Yi Du ★★★★★

Lahua Sicengxin Jia Lianggexiaoyezi

制作过程

1. 拉花杯悬于咖啡杯中央处。

2. 摆动拉花杯形成大面积白色。

3. 连续倒出三个圆形移到咖啡杯边缘。

4. 移动拉花杯到咖啡杯左边摆出叶子。

5. 再移动拉花杯到咖啡杯右边摆出叶子。

6. 提起拉花杯移到咖啡杯边缘即可。

拉花两叶中正反推心

Lahua Liangye Zhongzhengfan Tuixin

制作过程

1. 拉花杯悬于咖啡杯中央处。
2. 移动拉花杯在右边摆出纹路，再移到左侧摆出纹路。
3. 再移动拉花杯到中间推出白色圆形两个。
4. 继续移动拉花杯推出第三个圆形，穿过圆形变推心。
5. 转动杯子一圈，推出两个心形即可。

拉花叶子反推郁金香

难易度
Nan Yi Du
★★★★★

Lahua Yezi Fantui Yujinxiang

制作过程

1. 拉花杯悬于咖啡杯中央处。
2. 拉花杯左右摆出叶子纹路。
3. 转动咖啡杯一圈倒出第一个圆形。
4. 继续移动拉花杯倒出第二、第三个圆形。
5. 提起拉花杯让牛奶变细移到咖啡杯边缘即可。

拉花叶子和花

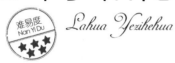

难易度
Nan Yi Du
★★★★★

Lahua Yezihehua

制作过程

1. 拉花杯放在咖啡杯中央处。

2. 连续倒出白色圆形在杯子的右侧。

3. 移动拉花杯到咖啡左侧。

4. 连续倒出六个白色圆形，提起拉花杯到杯子边缘。

5. 用雕花棒在圆形的边缘向里画出十个相等的花瓣。

6. 用雕花棒沾上咖啡油画出花心即完成。

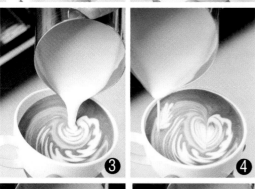

❶ ❷ ❸ ❹ ❺ ❻

拉花漩涡连心 加三个小叶

难易度
Nan Yi Du
★★★★★

Lahua Xuanwolianxin Jia Sangexiaoye

制作过程

1. 拉花杯悬于咖啡杯中央处。

2. 摆动拉花杯出现白色，转动咖啡杯形成半圆形纹路。

3. 移动拉花杯到咖啡杯中央处，倒出心形图案。

4. 移动拉花杯到咖啡杯左侧，快速摆出第一个叶子。

5. 在第一个叶子旁边摆出第二个叶子。

6. 最后倒出第三个叶子即可。

拉花漩涡叶拖心

Lahua Xuanwo Yetuoxin

制作过程

1. 拉花杯悬于咖啡杯右侧开始摆动，同时转动咖啡杯。

2. 一边摆动就会出现白色纹路。

3. 一直转动，摆过咖啡杯一圈，纹路一定要均匀。

4. 移动拉花杯倒出白色圆形。

5. 提起拉花杯让牛奶变细，穿过圆形变成心形即完成。

制作过程

1. 拉花杯放在咖啡杯中央处。

2. 连续倒出四个白色圆形。

3. 转动咖啡杯一圈，反推出白色圆形。

4. 移动拉花杯连续倒出四个白色圆形。

5. 再移动咖啡杯倒出第五个圆形，穿过五个圆形到咖啡杯边缘。

6. 用雕花棒沾上咖啡，在白色处点上小点即可。

拉花叶拖心串叶

难易度
Nan Yi Du
★★★★

Lahua Yetuoxin Chuanye

制作过程

1. 拉花杯悬于咖啡杯中央处。

2. 拉花杯移到咖啡杯右侧开始摆动，出现白色
   纹路。

3. 移动拉花杯到咖啡杯中央处。

4. 摆动拉花杯出现白色圆，穿过圆形成心形。

5. 把拉花杯移到心形的左侧摆出纹路。

6. 提起拉花杯，穿过纹路形成叶子即可。

362

拉花叶子底部
推颗心旁边加
推心

难易度
Nan Yi Du
★★★★

Lahua Yezidibutuikexin Pangbianjiatuixin

制作过程

1. 拉花杯悬于咖啡杯中央处。

2. 移动拉花杯到咖啡杯右侧，摆出白色纹路。

3. 推到咖啡杯边缘，穿过纹路变成叶子。

4. 移动拉花杯到叶子底部，倒出白色圆形。

5. 连续倒出几个白色圆形，穿过圆形变成推心。

6. 再移动拉花杯倒出两个白色圆形，穿过圆形成
   推心即可。

拉花多层花

Lahua Duocenghua

制作过程

1. 拉花杯悬于咖啡杯前面部分摆动。

2. 移动拉花杯，连续倒出四个圆形。

3. 提起拉花杯穿过圆形成推心。

4. 转动咖啡杯一圈，倒出两个叶子。

5. 用雕花棒画出花纹即可。

拉花抽象花纹

Lahua Chouxianghuawen

难易度
Nan Yi Du
★★★★

制作过程

1. 拉花杯悬于咖啡杯右侧。

2. 左右摆动拉花杯，出现一条一条白色纹路。

3. 移动拉花杯到左侧摆出白色圆形。

4. 连续推出四个圆形白色。

5. 提起拉花杯，穿过圆形变成推心。

6. 用雕花棒在推心旁边画出花纹即可。

拉花层层发美女

Lahua Cengcengfa Meinv

难易度
Nan Yi Du
★★★★

制作过程

1. 拉花杯悬于咖啡杯中央处。
2. 移动拉花杯连续倒出白色圆形。
3. 继续移动拉花杯共倒出七层纹路，最后的圆形要大一点。
4. 用雕花棒画出女孩的脸部。
5. 最后画出女孩脸部细节即可。

拉花漩涡小熊

Lahua Xuanwo Xiaoxiong

难易度
Nan Yi Du
★★★★

制作过程

1. 拉花杯悬于咖啡杯中央处。

2. 摆动拉花杯转半圈形成漩涡。

3. 移动拉花杯到咖啡杯中间,倒出两个圆形。

4. 接着移动拉花杯倒出第三个圆形,即为小熊的嘴。

5. 用雕花棒沾上白色奶沫点上耳朵,再沾点咖啡点上眼睛。

6. 最后画出鼻子和眼球等细节部分即可。

拉花怪物

Lahua Guaiwu

制作过程

1. 拉花杯悬于咖啡杯中央处。

2. 摆动拉花杯出现白色心形，往后推出现脖子。

3. 移动拉花杯倒出心形。

4-5. 用雕花棒画出形状即完成。

① ② ③ ④ ⑤ ⑥

拉花天鹅
Lahua Tiane

难易度
Nan Yi Du

制作过程

1. 拉花杯悬于咖啡杯右侧。

2. 左右摆动拉花杯，出现白色花纹。

3-4. 把拉花杯移到咖啡杯左侧，摆出花纹。

5. 移动拉花杯到咖啡杯中间，倒出白色往后移动
   出现天鹅的脖子。

6. 最后倒出天鹅的头部（一个小心形）即可。

拉花奇特的动物

Lahua Qite de Dongwu

制作过程

1. 拉花杯悬于咖啡杯中央处。
2. 移动拉花杯倒出白色圆形。
3. 连续推出八九层纹路，穿过圆形成推心。
4. 用雕花棒沾上咖啡画出动物的五官即可。

①

②

③

④

筛粉咖啡

圣诞花

Shengdanhua

制作过程

1. 首先在咖啡的中心用勺子放入较厚的奶泡。

2. 向咖啡的奶泡圈中注入牛奶，牛奶的流量稍小，至咖啡杯九成满时即停止。

3. 咖啡杯边缘出现1~1.5厘米宽的咖啡色油脂。

4. 放上转印片。

5. 用筛子在转印片上方轻筛可可粉。

6. 筛粉成形后，小心移开转印片，避免弄脏咖啡表面。

爱的表白

Aide Biaobai

① ② ③ ④ ⑤ ⑥

制作过程

1. 首先在咖啡杯的中心用勺子放入较厚的奶泡。

2. 向奶泡中注入牛奶，牛奶的流量稍小，至咖啡杯九成满时即刻停止。咖啡杯边缘会出现1~1.5厘米宽的咖啡色油脂。

3. 放上字母转印片（分别为 L、O、V、E），用筛子在转印片上方轻筛可可粉。

4. 用筛子在更换了字母的转印片上方轻筛可可粉。

5. 要注意每个字母的间距。

6. 小心地移开转印片，以免弄脏咖啡表面。

一心一意
Yixinyiyi

难易度
Nan Yi Du
★★★★

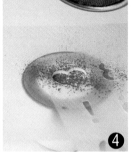

制作过程

1. 首先找一个注入点，以画圈的方式注入奶泡与咖啡融合，牛奶的流量稍小。

2. 注入至咖啡杯七成满时，放低注入杯，加大奶泡的注入流量，使中间散开一个白色的圆面，至九成满即刻停止奶泡的注入。

3. 放上心形转印片。

4. 用筛子在转印片上筛粉。

5. 小心地移开转印片。

6. 一杯美味的咖啡就完成了。

我爱你

Woaini

制作过程

1. 用勺子在咖啡的中心放上一层较厚的奶泡。

2. 向奶泡中注入牛奶至九成满。

3. 放上数字转印片（5、2、0），用筛子分别筛上绿茶粉。

4. 用筛子给数字分别筛上绿茶粉。

5. 筛完一个数字后，放上新的转印片时要注意数字间距。

6. 移开转印片，小心绿茶粉撒漏。一杯富有情调的咖啡就完成了。

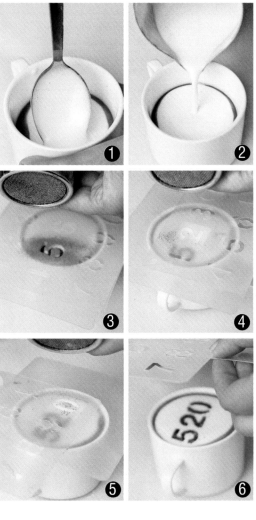

Huaduolei

01 花朵类

冰玫瑰拿铁

君度橙酒咖啡

炼乳咖啡

酒香弥漫

摩卡咖啡

君度橙酒咖啡

茉莉花拿铁咖啡

薰衣草拿铁咖啡

青苹果拿铁咖啡

樱花拿铁咖啡

榛子冰淇淋咖啡

飘叶

心相印

泓

心有所属

花与叶

火叶

火热爱恋

追逐的心

飞扬的梦想

心伤

绽放

花开的声音

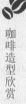

旋律

寻觅

流浪的心

翩若惊鸿

萌动　秋日呢喃

初见

飘雪

382

383

繁花

密林

摇曳花枝

盛开的花朵

卡布奇诺

02 人物类

一片心

美女半身像

心心相印

国色天香

飘零

水墨

简单的快乐

剪影

摩登时代

初恋

沧海桑田

阿凡提

美人心

茄子男

写意泼墨

飘零

莫名

土著

纯真的可爱

风起

小丑的微笑

櫻花

映像

浅眠

03 卡通类

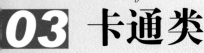

笑靥

温暖

冬日情怀

拥抱星空

学者

奇趣

快乐小象

天鹅の爱恋

米兔

顽皮狗

调皮羊

杯光碟影

04 其他类

Monstar

海贼骷髅

超人标志

香奈儿

苹果

I LOVE YOU

摇滚字母

披头士

致青春

王妃

生生不息

爱的龙卷风

十面埋伏

飘荡

王森国际咖啡西点西餐学院

中国高端西点西餐咖啡技能培训领导品牌

课程优势

实操 **99%** + 理论 **1%**

创业班

适合高中生、大学生、白领一族、私坊，想创业、想进修，100%包就业，毕业即可达到高级技工水平。

一年制专业培训

一年蛋糕甜点班	一年烘焙西点班	一年西式料理班	一年咖啡甜点班	一年金牌店长班	双休日蛋糕西点班
裱花、咖啡、甜点、翻糖、烘焙西点	烘焙、咖啡、甜点、翻糖	西餐、咖啡、甜点、铁板烧	咖啡、甜点、烘焙、西餐、翻糖	咖啡、华夫饼、沙冰、面包、吐司、意面、茶	裱花、甜品、蛋糕、翻糖、西餐、咖啡、奶茶、月饼等

课程优势

实操 **99%** + 理论 **1%**

学历班

适合初中生、高中生，毕业可获得大专学历和高级技工证、100%高薪就业。

三年制专业培训

三年酒店西餐班	三年蛋糕甜点班
翻糖系列、咖啡系列、素描、西餐、捏塑、巧克力、拉糖、甜点、烘焙	花边课、花卉课、陶艺课、卡通课、仿真课、巧克力

课程优势

实操 **99%** + 理论 **1%**

留学班

适合高中以上任何人群、烘焙爱好者、烘焙世家接班人等，日韩留学生毕业可在日本韩国就业，拿大专学历证书。

1+2 日韩留学

日本果子留学班	韩国烘焙留学班
国内半年、日本学校半年、制果学校两年	国内四个月、国外两年半

外教班

世界名厨短期课程

韩式裱花
法式甜点
日式甜点
英式翻糖
美式拉糖
天然酵母面包

森教育平台官网：www.wangsen.cn　珠海网站：gd.wangsen.cn　QQ：281578010　电话：0512-66053547

址：苏州市吴中区墨昂路145-5号　　　广东省珠海市香洲区屏镇东桥大街100号　　　免费热线：4000-611-018